职业院校教学用书

电气控制与 PLC 技术
（西门子 S7-1200 系列）
（第 2 版）

张　艳　魏新华　主　编

张世欣　田月霞　副主编

杨　元　孟　云　参　编

电子工业出版社

Publishing House of Electronics Industry

北京·BEIJING

内 容 简 介

本书采用"项目引领，任务驱动"的编写模式，分为电气控制和 PLC 技术两大部分。电气控制部分以 X62W 型铣床电气控制线路为例，介绍电气基本控制环节的安装接线与故障排除，以及整台机床电气控制线路的故障检修；PLC 技术部分以西门子 S7-1200 PLC 为样机，以物料分拣设备的 PLC 控制系统安装与调试为例，系统介绍了 PLC 的结构、原理、功能、应用等有关理论和实践技能，通过具体的任务对 PLC 控制程序的设计与编制方法进行了详细介绍。

本书结合职业院校的教学实际与生产岗位的需求，选用大量应用实例和图表，从工程应用的角度出发，理论与实践相结合，在实训中融入理论知识，突出知识的应用性和实践性，帮助学生学习和掌握电气控制线路的工作原理、PLC 控制程序的编制方法等。本书还配有电子教学参考资料包，包括教学指南、电子教案、习题答案。

本书可作为职业院校机电、机械、电气类专业的教学用书，也可作为相关行业的岗位培训用书。

图书在版编目（CIP）数据

电气控制与 PLC 技术：西门子 S7-1200 系列 / 张艳，魏新华主编 . —2 版 . —北京：电子工业出版社，2024.1

ISBN 978-7-121-47335-7

Ⅰ . ①电… Ⅱ . ①张… ②魏… Ⅲ . ①电气控制②PLC 技术 Ⅳ . ①TM571.2②TM571.61

中国国家版本馆 CIP 数据核字（2024）第 043610 号

责任编辑：蒲　玥
印　　刷：三河市良远印务有限公司
装　　订：三河市良远印务有限公司
出版发行：电子工业出版社
　　　　　北京市海淀区万寿路 173 信箱　　　　邮编：100036
开　　本：880×1 230　　1/16　　印张：14.5　　字数：381 千字
版　　次：2013 年 7 月第 1 版
　　　　　2024 年 1 月第 2 版
印　　次：2025 年 1 月第 2 次印刷
定　　价：42.80 元

凡所购买电子工业出版社图书有缺损问题，请向购买书店调换。若书店售缺，请与本社发行部联系，联系及邮购电话：（010）88254888，88258888。

质量投诉请发邮件至 zlts@phei.com.cn，盗版侵权举报请发邮件至 dbqq@phei.com.cn。

本书咨询联系方式：（010）88254485，puyue@phei.com.cn。

前 言

　　本书依据教育部发布的相关教学指导方案和维修电工的国家职业标准，贯彻落实党的二十大报告关于"统筹职业教育、高等教育、继续教育协同创新，推进职普融通、产教融合、科教融汇，优化职业教育类型定位"最新要求，结合编者长期的教学改革实践经验编写而成。

　　本书坚持"以服务为宗旨，以就业为导向"的职业教育办学方针，采用"项目引领，任务驱动"的编写模式，通过教师引领学生完成本书所设计的任务，使学生逐步掌握电气控制与 PLC 技术的基本职业技能，同时引导学生树立安全文明生产的责任意识，并引导学生弘扬劳模精神、劳动精神、工匠精神，激励更多学生走技能成才、技能报国之路，培养更多能工巧匠、大国工匠。

　　全书分为电气控制和 PLC 技术两大部分。电气控制部分主要以 X62W 型铣床电气控制线路为例，介绍电气基本控制环节的安装接线与故障排除，以及整台机床电气控制线路的故障检修；PLC 技术部分以西门子 S7-1200 PLC 为样机，以物料分拣设备的 PLC 控制系统安装与调试为例，系统介绍了 PLC 的结构、原理、功能、应用等有关理论和实践技能，通过具体的任务对 PLC 控制程序的设计与编制方法进行了详细介绍。本书着重培养学生的实践能力和创新能力，使之内化为学生的精神追求，外化为学生的自觉行动，推动中国制造走向中国智造，进而走向中国创造。

　　本书具有以下突出特色。

　　（1）采用项目教学法。注重理论实践一体化教学模式的探索和改革，本书所设计的任务围绕实践技能开展教学，使学生掌握国家职业资格证书所规定的知识技能和操作技能。

　　（2）知识实用。本书所设计的任务紧密联系生活、生产实际，选用大量工程实例，结合职业院校的教学实际与岗位需求，以实践操作为主线，理论内容以够用为度、实用为主。

　　（3）突出操作。本书以应用为核心，以培养学生的实践能力为重点，力求做到学与教并重，科学性与实用性相统一，将理论知识与操作技能有机地结合起来。

（4）教学适用性强。本书在编写体例上采用新的形式，每个项目都有明确的任务，内容从易到难，逐步深入。全书采用大量实物图片及表格，图文并茂，直观明了，符合学生的心理特征和认知规律，便于理解与接受。

本书由河南机电职业学院的张艳、河南应用职业技术学院的魏新华担任主编，由河南机电职业学院的张世欣、田月霞担任副主编，河南机电职业学院的杨元、孟云参与编写。其中，魏新华编写项目 1 的任务一至任务三；田月霞编写项目 1 的任务四至任务七；张艳编写项目 2 的任务一至任务四；张世欣编写项目 2 的任务五至任务七；孟云编写项目 1 的任务八；杨元编写项目 2 的任务八。

由于编者水平有限，书中难免存在疏漏和不当之处，敬请读者批评指正。

编　者

目 录

项目 1

X62W 型铣床电气控制线路的安装与故障检修

 项目介绍

1. X62W 型铣床的功能

X62W 型铣床是一种通用的多用途机床，可以用于加工平面、斜面和沟槽等，安装上分度头后可以用于铣削直齿齿轮和螺旋面，安装上圆工作台后可以用于铣削凸轮和弧形槽，具有主轴转速高、调速范围宽、操作方便、加工范围广、性能优越、结构先进等特点。

2. X62W 型铣床的动作

如图 1-1 所示，X62W 型铣床的主要组成部件有底座、床身、悬梁、工作台和升降台等。箱形的床身被固定在底座上，床身内装有主轴的传动机构和变速操纵机构。其运动形式主要有主轴电动机的正反转，工作台前、后、左、右、上、下方向的进给运动，圆工作台的运动，冷却液的供给，主轴的变速冲动等。

3. 电气控制的内容

X62W 型铣床的电气控制系统是由一些基本控制环节组成的，包括主轴电动机的正反转控制、工作台移动控制、工作台进给变速冲动控制、主轴变速冲动控制、冷却泵电动机控制等。在工作过程中，其电气控制系统可能会出现一些故障，如主轴电动机不能启动或停止、工作台不能快速移动、主轴制动失灵等。如果出现这些故障，就需要先通过分析电气控制线路的工作原理来查出故障点，然后排除故障。

4. 项目任务

通过对 X62W 型铣床电气控制线路中基本控制环节的分析、电路的安装与故障的排除，学会分析整台机床电气控制线路的工作原理，并能按照电气原理图完成接线，对电路中常见的故障进行排除。

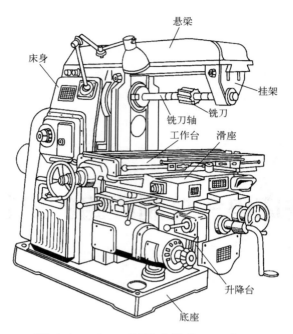

图 1-1　X62W 型铣床的外形示意图

任务一　初步认识电气控制系统

任务描述

电气控制技术是以将各类电动机作为动力源的传动装置与系统为对象,实现生产过程自动化的控制技术。根据控制方式的不同, 电气控制系统可分为继电器-接触器控制系统、可编程控制器（Programmable Logical Controller, PLC）控制系统和计算机控制系统。其中, 继电器-接触器控制系统是机械设备广泛采用的最基本的电气控制系统, 是其他电气控制系统的基础。

继电器-接触器控制系统是由按钮、开关、继电器、接触器等电气元件组成的电气控制线路, 能实现对电动机的启动、停止、点动、正反转、制动等运行方式的控制, 以及必要的保护。不同的生产机械对电动机的控制要求不同, 因此需要的电气控制系统也不同。

普通机床的电气控制一般是通过继电器-接触器控制系统来实现的。试操作 CA6140 型车床电气控制柜面板上的一些按钮, 观察面板上的指示灯及电气控制柜内电气元件的运行情况, 认识常用的电气元件, 从而对电气控制系统有初步的认识。

任务分析

本任务通过对 CA6140 型车床电气控制部分的操作, 认识按钮、交流接触器、开关、熔断器、继电器等常用低压电气元件, 结合电气原理图, 了解电气控制系统之间的关系, 初步了解什么是电气控制系统。

任务目标

- 了解机床电气控制系统的构成及其与机床的运动之间的关系。
- 了解继电器–接触器控制系统的组成与特点。
- 正确识别常用的低压电气元件，能根据实物写出各电气元件的文字和图形符号，找出各电气元件的导电部位。
- 掌握常用低压电气元件的结构、工作原理、用途及使用方法。
- 熟悉常用低压电气元件的型号、规格，掌握其在电气控制线路中的选择方法。
- 掌握电气原理图、电气设备安装布置图和电气接线图的基本概念。
- 通过了解电气控制技术的产生与发展，提升学生的社会责任感和使命感。
- 通过规范操作，树立安全文明生产意识、标准意识，养成良好的职业素养，培养严谨的治学精神、精益求精的工匠精神。
- 通过小组合作完成实训任务，树立责任意识、团结合作意识，提高沟通表达能力、团队协作能力。

一、基础知识

1. 继电器–接触器控制

下面通过对 CA6140 型机床模拟电气控制柜的操作来了解继电器–接触器控制的基本原理。

1）CA6140 型车床模拟电气控制柜的操作与演示

CA6140 型车床模拟电气控制柜的操作面板和柜内电气线路板如图 1-2 所示。

操作模拟电气控制柜操作面板上的开关与按钮，观察模拟电气控制柜内电气元件的动作，以及各电动机的动作及指示灯情况，如表 1-1 所示。

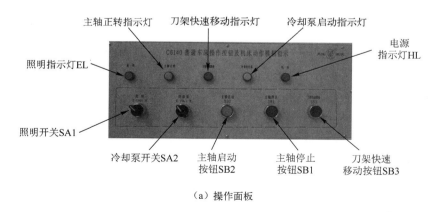

（a）操作面板

图 1-2　CA6140 型车床模拟电气控制柜的操作面板和柜内电气线路板

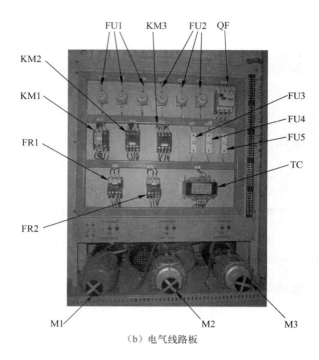

（b）电气线路板

图 1-2　CA6140 型车床模拟电气控制柜的操作面板和柜内电气线路板（续）

表 1-1　电气元件的动作情况

操　作	现　象
闭合开关 QF	电源指示灯 HL 亮
接通照明开关 SA1	照明指示灯 EL 亮
按下主轴启动按钮 SB2	电气元件 KM1 动作，电动机 M1 启动
按下主轴停止按钮 SB1	电气元件 KM1 复位，电动机 M1 停止
不按下主轴启动按钮 SB2，仅接通冷却泵开关 SA2	电气元件 KM2 不动作，电动机 M2 不启动
按下主轴启动按钮 SB2 后，接通冷却泵开关 SA2	电气元件 KM2 动作，电动机 M2 启动
按下主轴停止按钮 SB1	电动机 M1 停止，电动机 M2 也停止
按下刀架快速移动按钮 SB3，然后松开	当按下刀架快速移动按钮 SB3 时，电气元件 KM3 动作，电动机 M3 启动；当松开刀架快速移动按钮 SB3 时，电气元件 KM3 复位，电动机 M3 停止

2）继电器–接触器控制系统的组成与特点

由模拟电气控制柜的控制可以看出，继电器–接触器控制系统有 3 个基本组成部分，即输入部分、输出部分和逻辑控制部分。其中输入部分是指各种开关，如按钮、行程开关等；逻辑控制部分是按照电气控制的要求设计的，由若干接触器、继电器及触点通过实际接线构成的具有一定逻辑功能的控制线路；输出部分是指各种执行元件，如电磁阀、指示灯等。

对于简单控制功能的完成，继电器–接触器控制系统具有线路简单、维修方便、价格低廉、便于掌握等优点，因此，继电器–接触器控制系统得到了广泛应用。其缺点是电路由固定的接线组成，所以控制功能不能随意更改，功能少，通用性、灵活性差，对于控制要求比较多的电路来说，其设备体积大、接线复杂、触点多、可靠性不高。

随着科学技术的不断发展，低压电气元件正朝着小型化、耐用方向发展，使继电器–接触器控制系统的性能不断提高，因此继电器–接触器控制系统在今后的电气控制技术中仍然占据着比较重要的地位。

📖 边学边练

（1）常见的电气控制系统通常分为哪几类？
（2）继电器–接触器控制系统由几部分组成？
（3）CA6140 型车床电气控制系统中的输入部分是_____，输出部分是_____，逻辑控制部分是_____。

2．常用的低压电气元件

电气元件按其工作电压的高低可划分为高压电气元件和低压电气元件两大类。低压电气元件是指工作在交流 1000V 或直流 1200V 以下电路中的电气元件。

低压电气元件是一种能根据外界信号和要求手动或自动地接通、断开电路，以实现对电路或非电对象的切换、控制、保护、检测和调节的元件或设备。

通常情况下，低压电气元件可以分为配电电气元件和控制电气元件两大类，是成套电气设备的基本组成元件。在工业、农业、交通、国防等用电部门中，大多数采用低压供电。

低压电气元件的种类繁多，用途广泛，工作原理各不相同，常用低压电气元件的分类方法也很多。表 1-2 列出了常用低压电气元件的分类和用途。

表 1-2 常用低压电气元件的分类和用途

分 类 方 法	名 称	常用的低压电气元件	用 途
按其用途和控制对象不同分类	配电电气元件	刀开关、转换开关、熔断器、自动开关等	主要用于配电系统中，实现电能的输送、分配及用电设备保护等
	控制电气元件	接触器、继电器、主令电器等	主要用于电气控制系统中，实现发布命令、控制系统状态及执行动作等
按其动作方式不同分类	自动电气元件	接触器、继电器等	用于依靠电器本身参数的变化而自动实现动作或状态切换的场合
	手动电气元件	按钮、刀开关等	用于依靠人工直接操作完成动作切换的场合

下面介绍 CA6140 型车床模拟电气控制柜中涉及的低压电气元件。

1）开关

（1）刀开关。

刀开关又称为闸刀开关，是一种手动配电电气元件，主要用于手动接通与断开交/直流电路，也可用于不频繁地接通与断开额定电流以下的负载，如小型电动机、电阻炉等。刀开关的种类很多，按刀的级数可分为单极刀开关、双极刀开关和三极刀开关；按有无灭弧装置可分为带灭弧装置刀开关和不带灭弧装置刀开关；按刀的转换方向可分为单掷刀开关和双掷刀开关；按有无熔断器可分为带熔断器式刀开关和不带熔断器式刀开关。

常用的刀开关有 HK 型开启式负荷开关、HH 型封闭式负荷开关，如图 1-3 所示。

HK 型开启式负荷开关俗称闸刀或胶壳刀开关，由熔丝、触刀、触点座和底座组成，如

图 1-3（a）所示。这种类型的刀开关装有熔丝，具有短路保护作用。其由于结构简单、价格便宜、使用和维修方便，所以得到了广泛应用。该刀开关主要用作电气照明电路、电热电路、小容量电动机电路的不频繁控制开关，也可用作分支电路的配电开关。

HH 型封闭式负荷开关俗称铁壳开关，主要由钢板外壳、触刀开关、操作机构、熔断器等组成，如图 1-3（b）所示。该刀开关带有灭弧装置，能够通断负荷电流，熔断器用于切断短路电流。其一般用在小型电力排灌设备、电热器、电气照明电路的配电设备中，用于不频繁地接通与断开电路，也可以直接用于异步电动机的不频繁全压启动控制。

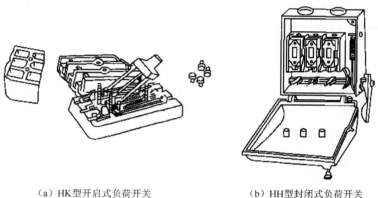

（a）HK型开启式负荷开关　　　　　　（b）HH型封闭式负荷开关

图 1-3　常用的刀开关

在安装刀开关时，合闸后手柄要向上，不得倒装或平装，以免由于重力自动下落而引起误动合闸。接线时，应将电源线接在上端，负载线接在下端，这样拉闸后刀开关的刀片与电源隔离，既便于更换熔丝，又可防止发生意外事故。

（2）转换开关。

转换开关又称为组合开关，它利用动触点与静触点的接触、分离来实现被控电路的通断。图 1-4 所示为常见的转换开关。

（a）HZ10D系列转换开关　　（b）HZ25D系列转换开关　　（c）HZ12A系列转换开关

图 1-4　常见的转换开关

转换开关由动触点、静触点、转轴、手柄等组成，转动手柄，动触点随着转轴转动，相应的动触点与静触点接触或分离，从而使电路接通或断开。

转换开关也有单极、双极和多极之分，一般在电气设备中用于不频繁地接通或断开电路、转接电源或负载，以及控制小容量异步电动机的正反转。

根据转换开关在电路中的不同作用，其图形符号有两种。当转换开关在电路中用作隔离开关时，其文字符号为 QS，有单极、双极和三极之分，机床电气控制线路中一般采用三极转换开关，其图形符号如图 1-5（a）所示；当转换开关在电路中用作换接电路开关时，其图形符号（三极转换开关）如图 1-5（b）所示。图中 I 与 II 分别表示转换开关手柄的两个操作位置，I 位置线上的三个空心点右方画了三个实心点，表示当手柄转动到 I 位置时，L1、L2、L3 支路线分别与 U、V、W 支路线接通；而 II 位置线上三个空心点右方没有相应实心点，表示当手柄转动到 II 位置时，L1、L2、L3 支路线与 U、V、W 支路线处于断开状态。安装转换开关时，应使手柄旋转到水平位置时为断开状态。

（3）自动开关。

自动开关又称为空气开关或空气断路器，其既有手动开关作用，又能在电路发生严重过载、短路及失压等故障时，自动切断故障电路，有效地保护串联的电气设备，在电气控制线路中使用广泛。图 1-6 所示为常见的自动开关，图 1-7 所示为自动开关的工作原理及图形符号。

（a）用作隔离开关　　　　　　（b）用作换接电路开关

图 1-5　三极转换开关的图形符号

（a）微型自动开关　　　　（b）配电控制用框架自动开关　　　　（c）剩余电流动作自动开关

图 1-6　常见的自动开关

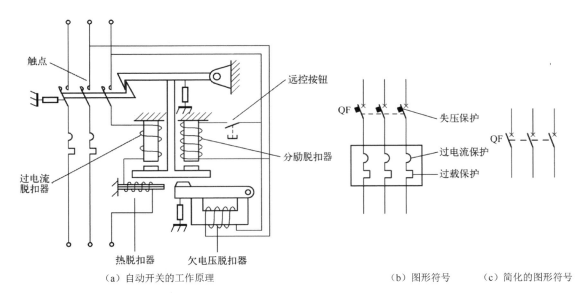

（a）自动开关的工作原理　　　　　　　　　　　　（b）图形符号　　（c）简化的图形符号

图 1-7　自动开关的工作原理及图形符号

自动开关主要由 3 个基本部分组成，即触点、灭弧系统和各种脱扣器，如热脱扣器、欠电压（失压）脱扣器、分励脱扣器、过电流脱扣器。

热脱扣器用于电路的过载保护，由发热元件、双金属片等组成，使用时将双金属片上的热元件接在主电路中，当过载到一定值时，由于温度过高，双金属片受热弯曲并带动自由脱扣器，使自动开关的主触点断开，实现长期过载保护。热脱扣器的整定电流（当通过发热元件的电流超过此值的 20% 时，热继电器应在 20min 内动作）应与其控制电动机的额定电流一致。

欠电压脱扣器用于失电压保护。欠电压脱扣器的线圈直接接在电源上，处于吸合状态，自动开关可以正常合闸；当停电或电压很低时，欠电压脱扣器的吸力小于弹簧的反力，弹簧使衔铁（动铁芯）向上，从而使挂钩脱扣，实现自动开关的跳闸功能。

分励脱扣器用于远方跳闸，当按下远控按钮时，分励脱扣器得电产生电磁力，使其脱扣跳闸。

自动开关的额定电压和额定电流应不小于电路的正常工作电压和工作电流。

控制电动机时，过电流脱扣器的瞬时脱扣整定电流 I 可按下式计算：

$$I \geqslant K \cdot I_{ST}$$

式中，K 为安全系数，可取 $K=1.7$；I_{ST} 为电动机的启动电流。

低压自动开关的选择应从以下几方面考虑。

① 自动开关的类型应根据使用场合和保护要求来选择，如一般选用塑壳式；短路电流很大时选用限流型；额定电流比较大或有选择性保护要求时选用框架式；控制和保护含有半导体器件的直流电路时选用直流快速自动开关等。

② 自动开关的额定电压、额定电流应大于或等于电路及设备的正常工作电压、工作电流。

③ 自动开关的极限通断能力应大于或等于电路的最大短路电流。

④ 欠电压脱扣器的额定电压应等于电路的额定电压。

⑤ 过电流脱扣器的额定电流应大于或等于电路的最大负载电流。

📖 边学边练

（1）结合实物，练习各类刀开关的接线方法。

（2）观察转换开关的主要结构组成。

（3）自动开关中的欠电压脱扣器、分励脱扣器和热脱扣器各起什么保护作用？

2）熔断器

熔断器在电路中主要起短路保护作用。熔断器的熔体串联于被保护电路中，当通过熔断器的电流大于规定值时，其自身产生的热量使熔体熔断，从而自动切断电路。熔断器具有结构简单，体积小，质量轻，使用、维护方便，价格低廉，分断能力较强，限流能力良好等优点，因此在电路中得到了广泛应用。常见的熔断器有小型插片式熔断器、螺旋式熔断器、RM10 型密封管式熔断器和有填料密封管式熔断器等，如图 1-8 所示。

（a）小型插片式熔断器　　　　（b）螺旋式熔断器　　　（c）RM10 型密封管式熔断器　　（d）有填料密封管式熔断器

图 1-8　常见的熔断器

　　熔断器通常由熔体和安装熔体的绝缘底座（或称为熔管）组成。熔体由易熔金属材料铅、锌、锡、铜、银及其合金制成丝状或片状，熔点为 200～300℃。由铅锡合金和锌等低熔点金属制成的熔体因不易灭弧而多用于小电流电路；由铜、银等高熔点金属制成的熔体易于灭弧，故多用于大电流电路。图 1-9 所示为熔断器的结构及图形符号。

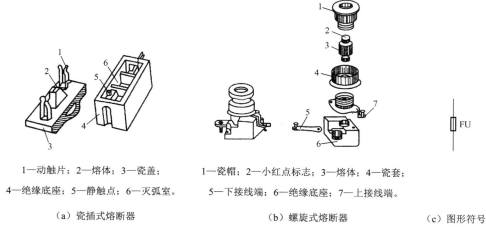

1—动触片；2—熔体；3—瓷盖；
4—绝缘底座；5—静触点；6—灭弧室。

1—瓷帽；2—小红点标志；3—熔体；4—瓷套；
5—下接线端；6—绝缘底座；7—上接线端。

　　（a）瓷插式熔断器　　　　　　　　　（b）螺旋式熔断器　　　　（c）图形符号

图 1-9　熔断器的结构及图形符号

　　当熔断器接入电路时，负载电流流过熔体，由于电流热效应而使其温度上升，当电路正常工作时，其发热温度低于熔点，故长期不熔断。当电路严重过载或短路时，电流大于熔体允许通过的正常发热电流，使熔体温度急剧上升，超过其熔点而熔断，断开电路，从而保护了电路和设备。

　　当选用熔断器时，应使熔断器的额定电压与被保护电路的工作电压一致，熔体的额定电流应按以下几种情况分别考虑。

　　（1）在不会产生冲击电流的电路（如照明电路）中，应使熔体的额定电流等于或稍大于电路的工作电流，即

$$I_R \geqslant I$$

式中，I_R 为熔体的额定电流；I 为电路的工作电流。

　　（2）当一台电动机由一个熔断器保护时，可按下式选择：

$$I_R=(1.5\sim2.5)I_{ed} \quad 或 \quad I_R=I_{st}/2.5$$

式中，I_{ed} 为异步电动机的额定电流；I_{st} 为异步电动机的电流。

　　（3）当多台电动机由一个熔断器保护时，可按下式选择：

$$I_R \geqslant I_m/2.5$$

式中，I_m 为可能出现的最大电流，若所有电动机不同时启动，则 I_m 为容量最大的电动机的启动电流与其他电动机的额定电流之和。

📖 **边学边练**

　　（1）在实际生活中，你在哪些地方见到过熔断器？它起什么作用？外形有何特点？

　　（2）为什么熔断器不宜用于过载保护，而主要用于短路保护？

　　（3）有两台电动机不同时启动，一台电动机的额定电流为 1.5A，另一台电动机的额定电流为 3.5A。已知启动电流为额定电流的 7 倍，则熔断器熔体的额定电流应选多少？

3）接触器

接触器主要用于控制电动机、电热设备、电焊机、电容器组等，能频繁地接通或断开交/直流主电路，是一种大容量电气控制线路中的自动切换电气元件。它具有低压释放保护功能，并且可用于频繁操作和远距离控制，是电力拖动自动控制线路中使用最广泛的电气元件。

图 1-10 所示为常用的交流接触器，图 1-11 所示为交流接触器的结构，图 1-12 所示为交流接触器的图形符号。

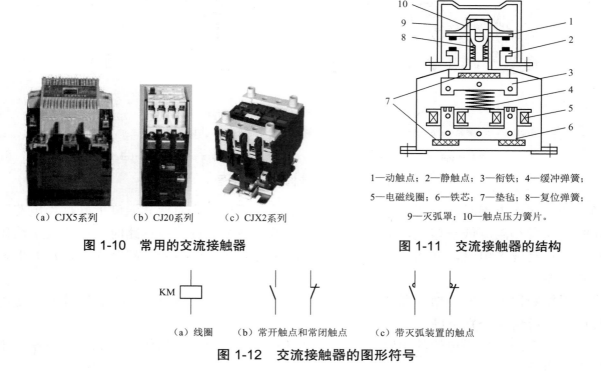

（a）CJX5 系列　　（b）CJ20 系列　　（c）CJX2 系列

图 1-10　常用的交流接触器

1—动触点；2—静触点；3—衔铁；4—缓冲弹簧；
5—电磁线圈；6—铁芯；7—垫毡；8—复位弹簧；
9—灭弧罩；10—触点压力簧片。

图 1-11　交流接触器的结构

（a）线圈　　（b）常开触点和常闭触点　　（c）带灭弧装置的触点

图 1-12　交流接触器的图形符号

交流接触器由以下几部分组成。

（1）电磁系统。由电磁线圈、衔铁、铁芯（静铁芯）等组成。其中衔铁与动触点支架相连。电磁线圈通电时产生磁场，使衔铁、铁芯磁化而互相吸引，当衔铁被吸引向铁芯时，与衔铁相连的动触点也被拉向静触点，从而接通电路。电磁线圈断电后，磁场消失，衔铁在复位弹簧的作用下，回到原位，牵动动触点、静触点分开，从而断开电路。电磁线圈分为电压线圈和电流线圈，电压线圈并联在电路中，电流线圈串联在电路中。

（2）触点。交流接触器的触点包括主触点和辅助触点。主触点用于通断主电路；辅助触点用于控制电气元件，起电气联锁或控制作用。交流接触器的触点也可分为常开触点（也称为动合触点）和常闭触点（也称为动断触点），当电磁线圈通电时，常开触点接通，常闭触点断开；当电磁线圈断电时，各触点复位。

（3）灭弧装置。各种有触点的电气元件都是通过触点的接触和分离来实现通断电路的，在触点接触和分离（包括熔体被熔断时）的瞬间，触点间隙中都会由于电子流通过而产生弧状的火花，称为电弧。容量在 10A 以上的接触器都有灭弧装置，对于小容量的接触器，常采用双断口桥形触点以利于灭弧；对于大容量的接触器，常采用纵缝灭弧罩及栅片灭弧结构。

（4）其他部件。交流接触器除上述三个主要部件外，还有复位弹簧、缓冲弹簧、触点压力簧片等附件。常用的交流接触器有 CJX5 系列和 CJ20 系列。

接触器的技术参数如下。

（1）额定电压。接触器铭牌上的额定电压是指主触点的额定电压。交流接触器的额定电压为 127V、220V、380V、500V 等；直流接触器的额定电压为 110V、220V、440V 等。

（2）额定电流。接触器铭牌上的额定电流是指主触点的额定电流，有 5A、10A、20A、60A、100A、150A、250A、400A、600A 等。

（3）电磁线圈的额定电压。交流接触器电磁线圈的额定电压为 36V、110V、127V、220V、380V 等；直流接触器电磁线圈的额定电压为 24V、220V、440V 等。

（4）电气寿命和机械寿命（以万次表示）。

（5）额定操作频率。接触器的额定操作频率是指每小时允许的操作次数，一般为 300 次/时、600 次/时和 1200 次/时。

（6）动作值。动作值是指接触器的吸合电压和释放电压。规定：当接触器的吸合电压大于电磁线圈额定电压的 85%时，应可靠吸合，释放电压应不高于电磁线圈额定电压的 70%。

交流接触器的选用原则如下。

（1）根据交流接触器所控制的负载性质来选择交流接触器的类型。

（2）交流接触器的额定电压不得低于被控制线路的最高电压。

（3）交流接触器的额定电流应大于被控制线路的最大电流。对于电动机负载，有下列经验公式：

$$I_{\mathrm{C}} \geqslant \frac{P_{\mathrm{N}} \times 10^3}{K U_{\mathrm{N}}}$$

式中，I_{C} 为交流接触器的额定电流；P_{N} 为电动机的额定功率；U_{N} 为电动机的额定电压；K 为经验系数，一般取 1～1.4。

交流接触器在频繁启动、制动和正反转的场合，一般按照将其额定电流降一个等级的原则来选用。

（4）电磁线圈的额定电压应与所控制线路的电压一致。

（5）交流接触器的触点数量和种类应满足主电路和控制线路的要求。

电动机的工作特点与交流接触器的选择如表 1-3 所示。

表 1-3 电动机的工作特点与交流接触器的选择

电动机的工作情况	电动机的工作特点	典 型 案 例	交流接触器的选择
一般任务（笼型或绕线型异步电动机）	工作频率不高，满载运行时断开，有少量点动	升降机、传送带、电梯、冲床等	通常选用 CJ10 系列交流接触器，额定电压和额定电流等于或稍大于电动机的额定电压和额定电流
重任务（笼型或绕线型异步电动机）	平均操作频率为 100 次/时以上，电动机处于启动、点动、反接制动、反向和低速断开状态	升降设备、车床、钻床、铣床、磨床等	当电动机功率小于 20kW 时，应选用 CJ10Z 系列重任务交流接触器；当电动机功率超过 20kW 时，应选用 CJ20 系列交流接触器。对于大容量绕线型异步电动机，可选用 CJ12 系列交流接触器
特重任务（笼型或绕线型异步电动机）	操作频率为 1000～1200 次/时，甚至可达到 3000 次/时，电动机处于频繁点动、反接制动、可逆运行状态	镗床、港口起重设备、印刷机等	在满足电气寿命的前提下，可选用 CJ10Z 系列重任务交流接触器；当控制容量较大时，可选用 CJ12 系列交流接触器

📖 边学边练

（1）交流接触器的电磁线圈通电时，其常开触点和常闭触点的动作顺序是_____。

（2）说出交流接触器的结构组成和各部分的作用。

（3）交流接触器有哪些部分需接到电路中？分别接到什么样的电路中？

4）继电器

继电器用于电路的逻辑控制，其具有逻辑记忆功能，能组成复杂的逻辑控制线路，主要用于将某种电参量（如电压、电流等）或非电参量（如温度、压力、转速、时间等）的变化量转换为开关量，以实现对电路的自动控制。

继电器有很多种类，按输入量不同，可分为电压继电器、电流继电器、时间继电器、速度继电器、压力继电器等；按工作原理不同，可分为电磁继电器、感应式继电器、电动式继电器、电子式继电器等；按用途不同，可分为控制继电器、保护继电器等。

控制线路中使用的继电器大多数是电磁继电器。电磁继电器具有结构简单，价格低廉，使用及维护方便，触点容量小（一般在 5A 以下），触点数量多且无主、辅之分，无灭弧装置，体积小，动作迅速、准确，控制灵敏、可靠等特点，广泛地应用于低压电气控制系统中。常用的电磁继电器有电流继电器、电压继电器、中间继电器及各种小型通用继电器等。

电磁继电器的结构和工作原理与接触器相似，主要由电磁机构和触点组成。电磁继电器也有直流和交流两种。图 1-13 所示为直流电磁继电器的结构示意图，在线圈两端加上电压或通入电流产生电磁力，当电磁力大于弹簧反作用力时，吸动衔铁使常开触点、常闭触点动作；当线圈的电压或电流下降（或消失）时，衔铁被释放，触点复位。

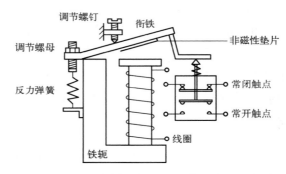

图 1-13 直流电磁继电器的结构示意图

（1）中间继电器。

中间继电器是最常用的电磁继电器之一，它的结构和接触器基本相同，如图 1-14（a）所示，其图形符号如图 1-14（b）所示。

中间继电器在控制线路中起逻辑变换和状态记忆的作用，也可用于扩展触点的容量和数量。另外，其在控制线路中还可以调节各继电器、开关之间的动作时间，防止电路误动作。中间继电器实质上是一种电压继电器，它是根据输入电压的有无而动作的，一般情况下，它的触点对数多，触点的额定电流为 5～10A。中间继电器体积小，动作灵敏度高，一般不用于直接控制线路的负载，但当电路的负载电流在 5～10A 以下时，也可代替接触器起控制负载通断的作用。中间继电器的工作原理和接触器一样，触点较多，一般为四常开触点和四常闭触点。

常用的中间继电器型号有 JZC4 系列、JZC3 系列等。图 1-15 所示为常见的中间继电器。

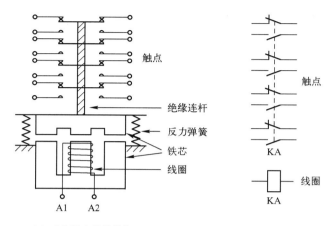

（a）中间继电器的结构 　　　　　　（b）中间继电器的图形符号

图 1-14　中间继电器的结构及图形符号

（a）JZC4（CA2-DNI）系列　　　　（b）JZC3 系列　　　　　　（c）3DH 系列

图 1-15　常见的中间继电器

（2）电流继电器和电压继电器。

① 电流继电器。

电流继电器的输入量是电流，它是根据输入电流的大小而动作的继电器。电流继电器的线圈被串入电路中，以反映电路电流的变化，其线圈匝数少、导线粗、阻抗小。电流继电器可分为欠电流继电器和过电流继电器。

欠电流继电器用于欠电流保护或控制，如直流电动机励磁绕组的弱磁保护、电磁吸盘中的欠电流保护、绕线型异步电动机启动时电阻的切换控制等。欠电流继电器的动作电流整定范围为线圈额定电流的 30%～65%。需要注意的是，欠电流继电器在电路正常工作、电流正常不欠电流时处于吸合状态，常开触点处于闭合状态，常闭触点处于断开状态；当电路出现不正常现象或故障导致电流下降或消失时，欠电流继电器因流过的电流小于释放电流而动作，所以欠电流继电器的动作电流为释放电流而不是吸合电流。

过电流继电器用于过电流保护或控制，如起重机电路中的过电流保护。过电流继电器在电路正常工作时流过正常工作电流，当流过的电流小于过电流继电器的动作电流整定值时，过电流继电器不动作；当流过的电流超过过电流继电器的动作电流整定值时，过电流继电器动作。过电流继电器动作时其常开触点闭合，常闭触点断开。过电流继电器的动作电流整定值为(110%～400%)I_N（I_N 为过电流继电器的额定电流），其中交流过电流继电器的动作电流整定值为(110%～400%)I_N，直流过电流继电器的动作电流整定值为(70%～300%)I_N。

常用的电流继电器型号有 JL12、JL15 等。

当电流继电器作为保护元件时，其图形符号如图 1-16 所示。

（a）欠电流继电器　　　（b）过电流继电器

图 1-16　电流继电器的图形符号

② 电压继电器。

电压继电器的输入量是电压，其根据输入电压的大小而动作。与电流继电器类似，电压继电器可分为欠电压继电器和过电压继电器。过电压继电器的动作电压为(105%～120%)U_N（U_N 为电压继电器的额定电压）；欠电压继电器的吸合动作电压为(20%～50%)U_N，释放动作电压为(7%～20%)U_N。零电压继电器是欠电压继电器的一种特殊形式，是当端电压降至 0V或接近消失时才动作的电压继电器。过电压继电器、欠电压继电器、零电压继电器分别起过压保护、欠电压保护、零压保护作用。电压继电器工作时并联在电路中，其线圈匝数多、导线细、阻抗大，反映了电路中电压的变化，用于电路的电压保护。

电压继电器常用在电力系统继电保护电路中，在低压控制线路中使用较少。

当电压继电器作为保护元件时，其图形符号如图 1-17 所示。

（a）欠电压继电器　　　（b）过电压继电器

图 1-17　电压继电器的图形符号

（3）热继电器。

热继电器主要用于电气设备（主要是电动机）的过载保护。热继电器是一种利用电流热效应工作的电气元件，它具有与电动机容许过载特性相近的反时限动作特性，主要与接触器配合使用，用于对电动机进行过载保护和断相保护。

电动机在实际运行中常会出现由电气或机械原因等引起的过电流（过载和断相）现象。如果过电流现象不严重，持续时间短，绕组温升不超过允许温升，那么这种过电流是允许的；如果过电流现象严重，持续时间较长，则会加快电动机绝缘老化，甚至烧毁电动机，因此，在电动机回路中应设置电动机保护装置。常用的电动机保护装置种类很多，使用最多、最普遍的是双金属片式热继电器。目前，双金属片式热继电器均为三相式，有带断相保护装置和不带断相保护装置两种。

图 1-18 所示为双金属片式热继电器的结构示意图及图形符号。由图 1-18（a）可见，热继电器主要由双金属片、热元件、复位按钮、传动杆、调节旋钮、复位螺钉、触点等组成。

双金属片是一种由两种线膨胀系数不同的金属用机械碾压的方法制成的金属片，线膨胀系数大的（如镍铬铁合金、铜合金或高铝合金等）称为主动层，线膨胀系数小的（如铁镍类合金）称为被动层。由于两种线膨胀系数不同的金属紧密地贴合在一起，所以当产生热效应时，双金属片向线膨胀系数小的一侧弯曲，由弯曲产生的位移带动触点动作。

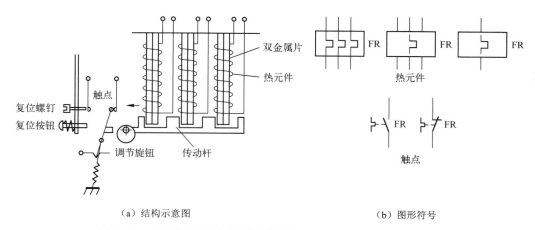

（a）结构示意图 （b）图形符号

图 1-18 双金属片式热继电器的结构示意图及图形符号

热元件一般由铜镍合金、镍铬铁合金或铁铬铝合金等电阻材料制成。热元件串联于电动机的定子电路中，通过热元件的电流就是电动机的工作电流。当电动机正常运行时，其工作电流通过热元件时产生的热量不足以使双金属片变形，热继电器不会动作。当电动机发生过电流且电流超过整定值时，热元件产生的热量增大使双金属片发生弯曲，经过一定时间后使触点动作，通过控制线路切断电动机的工作电源。同时，双金属片也因断电而逐渐降温，经过一段时间的冷却，双金属片恢复原来的状态。

热继电器动作电流的调节是通过旋转调节旋钮来实现的。调节旋钮是一个偏心轮，旋转调节旋钮可以改变传动杆和动触点之间的传动距离，距离越长，动作电流越大，反之动作电流就越小。

热继电器的复位方式有自动复位和手动复位两种。将复位螺钉旋入，使常开静触点向动触点靠近，从而使动触点在闭合时处于不稳定状态，在双金属片冷却后动触点自动复位，这种方式称为自动复位方式。若将复位螺钉旋出，使动触点不能自动复位，则称这种方式为手动复位方式。在手动复位方式下，需在双金属片恢复原来状态时按下复位按钮才能使动触点复位。

热继电器主要用于电动机的过载保护，使用时应考虑电动机的工作环境、启动情况、负载性质等因素，具体应按以下几个原则来选用。

一般情况下，可选用两相结构的热继电器；当工作环境恶劣或电网电压不平衡时，可选用三相结构的热继电器；采用星形接法的电动机可选用两相或三相结构的热继电器，采用三角形接法的电动机可选用带断相保护装置的热继电器。采用三角形接法的电动机的一相断线后，流过热继电器的线电流与流过电动机绕组的相电流的增加比例是不同的，其中最严重的一相绕组比其余串联的两相绕组内的电流要大一倍，增加的比例也最大。

根据电动机的实际负载选择热继电器的整定电流,热继电器的整定电流一般为电动机额定电流的 1.05～1.1 倍。当电动机过载能力较差时，应使热继电器的整定电流为电动机额定电流的 60%～80%。

在下列情况下选择热继电器时，应使其整定电流比电动机的额定电流大一些。

① 电动机负载的惯性转矩非常大，启动时间长。

② 电动机所带动的设备不允许任意停电。

③ 电动机拖动的是冲击性负载，如冲床、剪床等设备。

对于重复短时工作的电动机（如起重用电动机），由于电动机不断重复升温，双金属片式热继电器中双金属片的温升跟不上电动机绕组的温升，电动机将得不到可靠的过载保护，因此不宜选用双金属片式热继电器，而应选用过电流继电器或能反映绕组实际温度的温度继电器来进行过载保护。

📖 **边学边练**

（1）热继电器的热元件和常闭触点应如何接到电路中？

（2）在电路中，能否用熔断器代替热继电器工作？

5）按钮

按钮是一种最常用的主令电器。主令电器用于控制线路中，通过触点的接触和分离来发布控制命令，使控制线路执行对应的控制任务。主令电器应用广泛，种类繁多，常见的有按钮、行程开关、接近开关、万能转换开关、主令控制器、选择开关、足踏开关等。在此仅介绍按钮。

按钮一般适用于交流电压为 500V 以下或直流电压为 440V 以下，额定电流为 5A 以下的电路，常用于在短时间内接通或断开小电流控制的电路。其结构简单，控制方便，不直接控制主电路，而是在控制线路中发出手动控制信号。图 1-19 所示为常见的按钮。

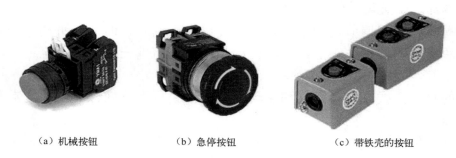

（a）机械按钮　　　（b）急停按钮　　　（c）带铁壳的按钮

图 1-19　常见的按钮

按钮由按钮帽、复位弹簧、触点等组成，额定电流在 5A 以下，触点又分为常开触点和常闭触点两种。按钮的结构示意图及图形符号如图 1-20 所示，图 1-21 所示为急停按钮的图形符号。

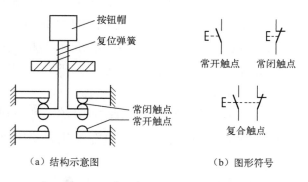

图 1-20　按钮的结构示意图及图形符号　　　**图 1-21　急停按钮的图形符号**

按钮一般为复位式,也有自锁式按钮,最常用的按钮为复位式平按钮。

按钮按照结构形式不同,可分为开启式(K)、保护式(H)、防水式(S)、防腐式(F)、紧急式(J)、钥匙式(Y)、旋钮式(X)和带指示灯(D)式等。为了标明各个按钮的作用,常将按钮帽做成不同颜色,以示区别,有红色、绿色、黑色、黄色、蓝色、白色等几种。红色按钮用于"停止"、"断电"或"事故";绿色按钮优先用于"启动"或"通电",但也允许选用黑色、白色或灰色按钮;一钮双用的(如"启动"与"停止"或"通电"与"断电"),即交替按压后改变功能的不能用红色按钮,也不能用绿色按钮,而应用黑色、白色或灰色按钮。

📖 边学边练

> (1)电路中启动按钮和停止按钮分别如何接线?
> (2)按钮常开触点和常闭触点的动作顺序是怎样的?

3. 电气原理图

1)电气原理图的概念

电气原理图是用于表示电路的工作原理及各电气元件之间相互作用和关系的图,它并不反映各电气元件的结构、尺寸、实际安装位置和实际接线情况。电气原理图适用于分析、研究电路的工作原理,可作为绘制其他电气图的依据,在设计部门和生产现场得到了广泛应用。

2)电气原理图的组成

电气原理图一般由电源电路、主电路、控制线路和辅助电路等组成。

电源电路为其他电路提供电能,一般由电源开关和电源保护元件组成。

主电路为从电源到电动机的动力电路,是大电流通过的部分,用粗实线画在电气原理图的左边。

控制线路是通过小电流的电路,一般由按钮、电气元件的线圈、接触器的辅助触点、继电器的触点等组成,用细实线画在电气原理图的右边。

辅助电路中通过的电流也是小电流,其由变压器、整流电源、照明灯和信号灯等低压电气元件组成。

3)绘制电气原理图应遵循的原则

(1)电气原理图中的所有电气元件都应采用国家标准中规定的图形符号和文字符号表示。

(2)电气原理图中电气元件的布局应遵循便于阅读的原则安排。电源电路画成水平线,三相交流电源的相线 L1、L2、L3 自上而下依次画出,中性线 N 和保护地线 PE 依次画在相线之下。直流电源的"+"画在上方,"-"画在下方,电源开关要水平画出。主电路垂直于电源线画在图纸左侧,其他电路画在图纸右侧。

(3)无论是主电路还是辅助电路,均应根据电气元件的功能布置,尽可能按动作顺序从上到下,从左到右排列。同一功能的电气元件集中在一起,耗能元件接至下方的水平电源线,各种触点接在上方电源线和耗能元件之间。

(4)在电气原理图中,当同一电气元件的不同部件(如线圈、触点等)分散在不同位置时,为了表明是同一电气元件,要在电气元件的不同部件处标注统一的文字符号。对于几个同类型电气元件,要在其文字符号后加数字序号,以示区别。

（5）在电气原理图中，所有电气元件的触点部分均按没有通电或没有外力作用时的平常状态画出，如接触器、电磁继电器等的触点是线圈未通电时的状态；按钮、行程开关等的触点是没有受到外力作用时的状态；开关的触点按断开状态画出。当电气元件的图形符号垂直放置时，以"左开右闭"为原则绘制，即垂直线左侧的触点为常开触点，右侧的触点为常闭触点；当电气元件的图形符号水平放置时，以"上闭下开"为原则绘制，即水平线上方的触点为常闭触点，下方的触点为常开触点。

（6）在电气原理图中，应尽量减少或避免导线交叉。当各导线之间交叉相连时，在导线交叉处画实心圆点，两导线交叉但不连接的交叉点处不画实心圆点。

4. 电气设备安装布置图与电气接线图

电气控制系统图是表示电气控制系统中各电气元件连接关系的图，电气原理图是电气控制系统图的一种。除电气原理图外，常用的电气控制系统图还包括电气设备安装布置图和电气接线图。

为了便于设计、分析、安装、调试和维修，电气控制系统图中的图形符号和文字符号必须使用国家标准中规定的符号。国家标准化管理委员会参照国际电工委员会（IEC）文件制定了有关电气设备的国家标准，如《电气简图用图形符号》。

1）电气设备安装布置图

电气设备安装布置图用于表示电气设备或元器件在机械设备和电气控制柜中的实际安装位置。各电气设备或元器件的安装位置是由机床的结构和工作要求决定的，用于拖动、执行、检测等的元器件应安装在生产机械的相应工作部位；控制按钮、操作开关、经常调节的电位器、指示灯、指示仪表等应安装在控制面板上；行程开关应安装在能取得信号的位置；控制电气元件、保护电气元件等应安装在电气控制柜内。

图 1-22 所示为电动机启保停电路的电气设备安装布置图。

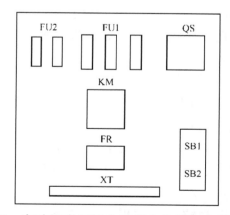

图 1-22 电动机启保停电路的电气设备安装布置图

2）电气接线图

电气接线图是根据电气原理图、电气设备安装布置图绘制的。电气接线图用于表示电气设备和元器件之间的实际接线情况。

绘制电气接线图时，应把各电气元件的各个部件（如触点和线圈）画在一起，文字符号、电气元件之间的连接关系、线路编号等都必须与电气原理图一致，不在同一电气控制柜或操作台上的电气元件之间的电气连接必须通过端子排进行，各接线端子的编号应与电气原理图的导线编号一致。

电气设备安装布置图和电气接线图主要用于安装接线、电路检查维护及故障处理等。图 1-23 所示为电动机启保停电路的电气接线图，图中画出了接线板、操作面板等的接线情况。

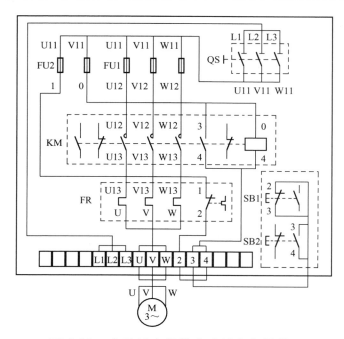

图 1-23　电动机启保停电路的电气接线图

二、任务实施

1. 器材准备

- CA6140 型车床模拟电气控制柜 1 台。
- 常用低压电气元件若干个。
- 常用电工工具 1 套。
- 万用表 1 只。

2. 实训内容

本次实训内容包括练习万用表的使用、操作模拟电气控制柜、认识电气元件、识读电气原理图。

1）练习万用表的使用

万用表可对许多电参量直接进行测量，以测量电压、电流、电阻三大参量为主。有些万用表还可以用于测量电容、电感，以及直流电流的放大倍数等参量。

万用表的种类繁多，根据其测量原理及测量结果的显示方式进行分类，一般可分为模拟万用表和数字万用表两大类。各种万用表的外形如图 1-24 所示。下面介绍最常用的 MF47 型指针式模拟万用表的基本结构和使用方法。

MF47 型指针式模拟万用表的外形小巧，质量轻，便于携带，制造精密，测量准确度高，价格偏低且使用寿命长，因此其应用非常广泛，其面板结构如图 1-25 所示。

（a）指针式模拟万用表　　　　　　（b）数字万用表　　　　　（c）指针式数字万用表

图 1-24　各种万用表的外形

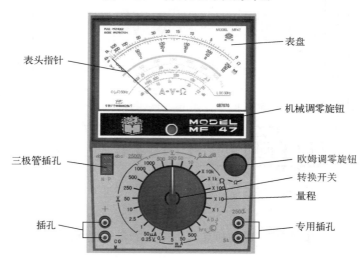

图 1-25　MF47 型指针式模拟万用表的面板结构

它共有 24 个挡位，由面板上的转换开关选择，各挡位的作用及测量范围如下。

直流电流（mA）：500、50、5、0.5、50（μA）。

电阻（Ω）：×1、×10、×100、×1k、×10k。

直流电压（V）：0.25、1、2.5、10、50、250、500、1000、2500。

交流电压（V）：2500、1000、500、250、50、10。

hFE 挡：用于测量三极管的放大倍数。

ADJ 挡：专用于三极管 H 刻度校准。

面板下半部分右上角有欧姆调零旋钮，表笔的 4 个插孔（包含 2 个专用插孔）在最下方（其中，标有"–"或"COM"的插孔为黑表笔插孔，当测量普通电流、电压、电阻时，红表笔插在标有"+"的插孔内；当测量的交流电压或直流电压的量程为 2500V 时，红表笔应插在标有"2500V"的专用插孔内，转换开关应旋至交流电压 2500V 挡或直流电压 2500V 挡；当测量的直流电流的量程为 5A 时，红表笔应插在标有"5A"的专用插孔中）。面板上半部分是表盘，表盘有六条标度尺，机械调零旋钮在表盘下方。

模拟万用表的使用步骤如下。

机械调零→选择插孔→选择挡位及量程→测量→读出表盘上的表头指针指示数→表头指针指示数与实际值的换算。

（1）机械调零。将万用表平放，看表头指针是否指在零位上。若没有指在零位上，可调节表盘上的机械调零旋钮，使表头指针指向零位。

（2）选择插孔。将红表笔插入标有"＋"的插孔中，将黑表笔插入标有"-"或"COM"的插孔中。在测量直流电流和直流电压时，红表笔应接至被测电路的正极，黑表笔应接至被测电路的负极。若不清楚被测电路的正、负极，则可用以下方法判别：

估计电流或电压的大小并选择一个合适的量程，将黑表笔接至被测电路的任一极，同时用红表笔在另一极上触碰一下，若表头指针正向偏转，则表明红表笔接的是正极，黑表笔接的是负极；若表头指针反向偏转，则相反。

（3）选择挡位及量程。选择挡位就是根据不同的被测量将转换开关旋至正确的位置，如测量电阻时，把转换开关旋至标有"Ω"的区间。

合理选择量程的标准：测量电压和电流时，应使表头指针偏转至满刻度的 1/2 或 2/3 以上，即选择量程时，应尽量使万用表的表头指针有最大的偏转角度；测量电阻时，为了提高测量的准确度，应使表头指针尽可能接近标度尺的中心位置。

（4）测量。

电压、电流和电阻的测量方法如表 1-4 所示。

表 1-4 电压、电流和电阻的测量方法

被测量的电参量	万用表的连接方法	测 量 方 法	备 注
电压	万用表与被测电路并联	测量直流电压时，红表笔接高电位，黑表笔接低电位；测量交流电压时，红、黑表笔不区分正负	如果误用直流电压挡测量交流电压，表头指针就会不动或略微抖动；如果误用交流电压挡测量直流电压，读数可能偏高，也可能为零（和万用表的接法有关）
电流	万用表串联在被测电路中	将红表笔接至电流的流入方向，将黑表笔接至电流的流出方向	测量电流时，若电源内阻和负载电阻都很小，则应尽量选择较大的电流量程
电阻	万用表与被测电阻并联	测量前应先进行调零，即把两表笔短路，同时调节面板上的欧姆调零旋钮，使表头指针指向电阻刻度零点。每次变换电阻挡时都应重新调零	测量时，不要用双手捏住表笔的金属部分和被测电阻，否则会影响测量结果，尤其是在测量大电阻时，影响更加明显。严禁在被测电路带电的情况下测量电阻

为了获得良好的测量效果及防止由于使用不当而使万用表损坏，在使用万用表时应注意：

① 在测试时不能旋转万用表的转换开关。

② 当不能确定被测量的大约数值时，应先将转换开关旋到最大量程的位置上，然后根据表头指针的指示数选择适当的量程，使表头指针得到最大的偏转。

③ 在每次使用万用表完毕后，最好将转换开关旋至"·""关"或交流电压最高挡，防止在误置转换开关位置时进行测量而使万用表损坏。

（5）读出表盘上的表头指针指示数。

读数时要看清楚所要读数的标度尺，并了解每一小格所代表的值。为了减小误差，读数时一定要保证表头指针与表盘上镜面内的投影相重叠，即人眼睛的视线要与表盘垂直。

（6）表头指针指示数与实际值的换算。

由于万用表是多用表，有时多个参量共用同一条标度尺，因此实际值与表头指针指示数不可能都相等，需要进行换算。其中，电阻挡是倍率挡，因此其换算关系为

$$实际电阻=所选挡位×表头指针指示数$$

电压、电流挡是满刻度值挡，即表头指针指到满刻度时的值就是电压、电流的量程值，因此其换算关系为

$$实际电压（电流）值=\frac{所选量程的电压（电流）值}{满刻度值}×表头指针指示数$$

📖 **边学边练**

（1）某元器件的电阻约为 39kΩ，用哪一挡量程合适？若电阻为 82Ω、680Ω、3.9kΩ 呢？
（2）若测量某电压时，量程为 10V，满刻度值为 50V，表头指针指在 40，实际电压为多少？
（3）用万用表测量接触器线圈、常开触点和常闭触点的电阻。
（4）用万用表测量实训室内电源插座上的电压。

2）操作模拟电气控制柜

按表 1-1 所示操作模拟电气控制柜操作面板上的开关与按钮，观察模拟电气控制柜内电气元件的动作、各电动机的动作、指示灯的情况。

3）认识电气元件

（1）观察各电气元件，分析各部件的作用。
（2）结合实物，练习各电气元件的正确接线。

4）识读电气原理图

识读实训室提供的 CA6140 型车床模拟电气控制柜的电气原理图，找出与电气元件符号对应的各电气元件实物。

3. 实训记录

（1）记录 CA6140 型车床模拟电气控制柜的操作过程和柜内电气元件工作时的现象，填写表 1-5。

表 1-5 工作时的现象

操　　作	现　　象	
	接　触　器	电　动　机
接通照明开关 SA1		
按下主轴启动按钮 SB2		
按下主轴停止按钮 SB1		
按下主轴启动按钮 SB2 后，接通冷却泵开关 SA2		
不按下主轴启动按钮 SB2，仅接通冷却泵开关 SA2		
按下刀架快速移动按钮 SB3，然后松开		

（2）记录各电气元件的相关参数，并填写表 1-6 和表 1-7。

表 1-6　常见按钮的型号及工作参数

型　　号	触　点　数　量		额定电压/V	额定电流/A	颜　　色

表 1-7　常见交流接触器的工作参数

型　　号	主　触　点		辅　助　触　点		线　圈		额定操作频率
	额定电压/V	额定电流/A	额定电流/A	对　　数	电压/V	功　率	

三、知识拓展——电气控制技术的产生与发展

电气控制技术是以由各类电动机提供动力的传动装置与系统为对象，实现生产过程自动化的控制技术。电气控制系统是其中的主干部分，在国民经济各行业中均得到了广泛应用，是实现工业生产过程自动化的重要技术手段。

随着科学技术的不断发展，特别是计算机技术的应用，生产工艺的不断改进，新型控制技术的出现，电气控制技术的面貌也在不断发生变化。在控制方法上，从手动控制发展到自动控制；在控制功能上，从简单控制发展到智能化控制；在操作上，从人工控制发展到信息化处理；在控制原理上，从单一的有触点硬接线继电器逻辑控制系统发展到以微处理器或微计算机为中心的网络化自动控制系统。现代电气控制技术综合应用了计算机技术、微电子技术、检测技术、自动控制技术、智能技术、通信技术、网络技术等先进的科学技术成果。

作为生产机械动力源的电动机经历了漫长的发展过程。20 世纪初，电动机直接取代蒸汽机，其采用的是成组拖动方式，即用一台电动机通过中间机构（天轴）实现能量分配与传递，拖动多台生产机械。采用这种拖动方式的电气控制线路简单，但结构复杂，能量损耗大，生产灵活性也差，无法满足现代化生产的要求。20 世纪 20 年代出现了单电动机拖动方式，即由一台电动机拖动一台生产机械。单电动机拖动方式相对于成组拖动方式，电气控制线路的结构简单，传动效率高，生产灵活性好，这种拖动方式至今仍在一些机床中使用。随着生产技术的发展及自动化程度的提高，又出现了多台电动机分别拖动各运动机构的多电动机拖动方式，进一步简化了电气控制线路的结构，提高了传动效率，而且使生产机械的各运动部分能够选择最合理的运动速度，缩短了工时，也便于分别控制。

继电器-接触器控制系统至今仍是许多生产机械采用的基本的电气控制系统，也是学习更先进的电气控制系统的基础。它主要由继电器、接触器、按钮、行程开关等组成，由于其控

制方式是断续的，故又称其为断续控制系统。它具有控制简单、方便实用、价格低廉、易于维护、抗干扰能力强等优点，但其接线方式固定、灵活性差，难以适应复杂和程序可变的控制对象的需要，并且工作频率低，触点易损坏，可靠性差。

以软件手段实现各种控制功能、以微处理器为核心的 PLC 是 20 世纪 60 年代诞生并发展起来的一种新型工业控制装置。它具有通用性强、可靠性高、能适应恶劣的工业环境、指令系统简单、编程简便易学、易于掌握、体积小、维修工作少、现场连接安装方便等一系列优点，正逐步取代传统的继电器-接触器控制系统，被广泛应用于冶金、采矿、建材、机械制造、石油、化工、汽车、电力、造纸、纺织、装卸、环保等行业的控制场景中。

在自动化领域，PLC 与 CAD/CAM、工业机器人并称为加工业自动化的三大支柱，其应用日益广泛。PLC 以硬接线的继电器-接触器控制系统为基础，逐步发展为既有逻辑控制、计时、计数，又有运算、数据处理、模拟量调节、联网通信等功能的控制装置。它可控制数字量或者模拟量的输入、输出，以满足各种类型机械控制的需要。PLC 及有关外部设备均按既易于与工业控制系统连成一个整体，又易于扩充其功能的原则设计。PLC 已成为生产机械设备中实现开关量控制的主要控制装置。

思考与练习

（1）继电器-接触器控制系统由几部分组成？
（2）继电器-接触器控制系统具有哪些优点和缺点？
（3）试描述交流接触器的工作原理。
（4）简述热继电器的主要结构和作用。
（5）热继电器能否用于短路保护？为什么？
（6）观察自动开关的作用，填写表 1-8。

表 1-8　自动开关的作用

主要部件名称	作　　用
过电流脱扣器	
热脱扣器	
欠电压脱扣器	
分励脱扣器	
触点	

任务二　电动机长动控制线路的安装接线与故障排除

任务描述

在机床控制线路中，有的电动机启动时，按下启动按钮，电动机开始运行，当松开按钮后，电动机不停止而继续运行，若要使电动机停止，则需要按下停止按钮。电动机的这种控制方式属于长动控制方式，也称为连续运行控制方式。X62W 型铣床主轴电动机的控制方式就属于这种。

试根据图 1-26 所示的电动机长动控制线路的电气原理图，完成电动机长动控制线路的安装接线，并调试运行。

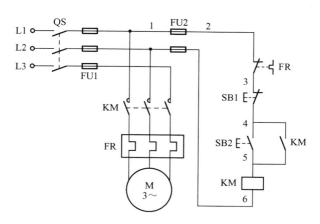

图 1-26　电动机长动控制线路的电气原理图

任务分析

上述电路中的电气元件主要有按钮、交流接触器、开关，以及电路的保护元件，如熔断器、热继电器等，这些电气元件在任务一中都已经介绍过，在此利用它们组成电动机长动控制线路，并学习安装调试电路的方法、步骤。

任务目标

- 掌握电动机点动控制、长动控制的概念和工作原理。
- 进一步认识交流接触器、热继电器、熔断器、开关、按钮等电气元件，熟悉其用途及工作原理，能根据控制要求正确选用及使用。
- 识读电动机长动控制线路的电气原理图，能按图完成电路的安装接线。
- 能根据故障现象，分析并排除简单电路中的故障。
- 掌握电气控制线路的分析方法，培养分析电路的能力。
- 通过实践操作，引导学生弘扬劳动精神，培养其吃苦耐劳的作风、勇于探索的创新精神，增强其社会责任感。
- 通过规范操作，树立安全文明生产意识、标准意识，养成良好的职业素养，培养严谨的治学精神、精益求精的工匠精神。
- 通过小组合作完成实训任务，树立责任意识、团结合作意识，提高沟通表达能力、团队协作能力。

一、基础知识

1. 点动控制与长动控制的概念

机床刀架的快速移动和机床主轴的调整都需要电动机较短时间的转动，即按下按钮时电动机开始运行，松开按钮后电动机断电停止运行，这种控制方式叫作点动控制，如 CA6140 型车床刀架快速移动电动机采用的就是点动控制方式。

在正常加工过程中，机床的主轴和工作台等都需要连续运动，即按下按钮时电动机运行，松开按钮后电动机仍然通电运行，这种控制方式叫作长动控制，如 CA6140 型车床的主轴电动机采用的就是长动控制方式。

2. 点动控制线路与长动控制线路的电气原理图

1）点动控制线路

图 1-27 所示为电动机点动控制线路的电气原理图。

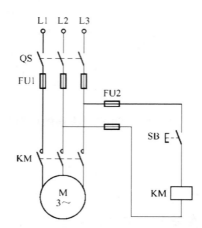

图 1-27　电动机点动控制线路的电气原理图

启动与停止电动机的方法如下。

（1）电动机的启动。

闭合电源开关 QS，接通三相交流电源。

按下按钮SB→控制线路中的KM线圈通电→主电路中KM的三对常开触点闭合→电动机M与电源接通，电动机开始运行

（2）电动机的停止。

松开按钮SB→控制线路中的KM线圈断电→主电路中KM的三对常开触点断开→电动机M与电源断开，电动机停止运行

2）长动控制线路

电动机长动控制线路的电气原理图如图 1-26 所示，启动与停止电动机的方法如下。

（1）电动机的启动。

闭合电源开关 QS，接通三相交流电源。

按下启动按钮SB2→KM线圈得电→ { 主电路中的KM主触点闭合→电动机通电运行
KM辅助常开触点（4、5）闭合→松开启动按钮SB2 } →KM辅助常开触点（4、5）不断开→KM线圈继续通电→电动机继续运行

用交流接触器本身的常开触点使其线圈保持连续通电的环节叫作自锁，该辅助常开触点称为自锁触点。

（2）电动机的停止。

按下停止按钮 SB1→KM 线圈断电→KM 主触点断开→电动机断电，停止运行

电动机长动控制线路具有零压保护、欠电压保护、过载保护和短路保护等保护环节，如表 1-9 所示。

表 1-9 电动机长动控制线路中的保护环节

保 护 环 节	保 护 元 件	无保护时可能出现的故障	保 护 原 理
零压保护	交流接触器 KM	电动机正在运行时，若遇到突然停电，电路不能自动切断电动机电源，则在供电恢复时电路会自行接通，很容易造成设备或人身事故	采用 KM 自锁控制的电路，由于其控制线路的自锁触点和主电路中 KM 的主触点在停电时已经断开，在供电恢复时，电路不会自行接通
欠电压保护	交流接触器 KM	在电动机运行过程中，若电源电压下降，通过电动机的电流就会增大，当电压下降严重时，可能会烧坏电动机	当电源电压下降严重时（一般低于额定电压的 85%），KM 的电磁吸力小于复位弹簧的反作用力，衔铁释放，主触点和自锁触点断开，电动机断电，停止运行
过载保护	热继电器 FR	当电动机过载时，流过电动机定子绕组的电流较大，将导致定子绕组因过热而烧毁	当电动机过载时，流过主电路中热继电器热元件的电流较大，控制线路中 KM 的常闭触点断开，使 KM 线圈断电，从而使电动机断电，停止运行
短路保护	熔断器 FU1、FU2	若电路发生短路，会产生大电流，可能使电源或电路受到损坏或引起火灾	当主电路或控制线路短路时，FU1 或 FU2 自动、迅速地熔断，切断故障电路

📖 边学边练

（1）自锁在电路中起什么作用？
（2）点动控制与长动控制有什么区别？

二、任务实施

1. 器材准备

- 交流接触器 1 个，按钮 2 个，熔断器 2 组，刀开关 1 个，热继电器 1 个。
- 电动机 1 台。
- 常用电工工具 1 套，万用表 1 只。

2. 电路的安装接线

根据图 1-26 所示的电动机长动控制线路的电气原理图选择电气元件，并完成电路的安装接线及调试运行。

1）电动机的接线

电动机定子绕组可按星形接法或三角形接法进行接线。图 1-28 所示为电动机定子绕组的接线图。

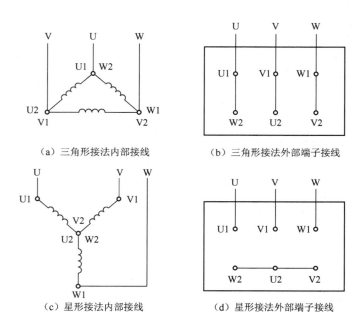

（a）三角形接法内部接线　　　　　（b）三角形接法外部端子接线

（c）星形接法内部接线　　　　　（d）星形接法外部端子接线

图 1-28　电动机定子绕组的接线图

电动机采用三角形接法时，电源从 U1、V1、W1 端引入，U1、V1、W1 端分别与 W2、U2、V2 端相接；采用星形接法时，电源从 U1、V1、W1 端引入，U2、V2、W2 端短接于一点上。

2）接线端子接线

接线端子是一种方便地实现电气连接的配件产品，它本质上是一段封在绝缘塑料内的金属片，两端可接入导线，有螺钉用于紧固或者松开，如图 1-29 所示。如果两根导线有时需要连接，有时需要断开，那么就可以用接线端子把它们连接起来，这样可以随时断开，而不必把它们焊接起来或者缠绕在一起，而且接线端子很适合大量的导线互连。在将导线连接到接线端子上时，通常还需要接线插（俗称线鼻子），如图 1-30 所示，它用于导线尽头处，套上它后可以更好地连接导线，并使导线方便、可靠地连接到接线端子或接线座上。

图 1-29　接线端子　　　　　　　　　图 1-30　接线插

通常情况下，一个接线端子只连接一根导线，如果采用专门设计的接线端子，可以连接多根导线，但导线的连接方式必须是工艺成熟的方式。当有些接线端子不适合连接软导线时，可以在导线端头采用针形、叉形等冷压接线插。导线端头的剥皮长短要适当，不能损伤芯线，为剥好的导线端头套上接线插，压线时要压得可靠，不能松动，既不能压线过长而压到绝缘皮，又不能裸露过多芯线。目前，新型接线端子的技术水平很高，导线可以直接连接到接线端子的插孔中，接线更加方便、快捷。

3）安全规范与技术要求

操作时的安全规范如下。

① 穿戴好电工劳保用品。

② 工具及仪表的使用要安全、正确。

③ 严禁带电安装及接线。

④ 经教师检查后，方可通电运行。

⑤ 拆线时，必须先断开电源。

⑥ 带电检修故障时，必须有教师在现场监护，并要确保用电安全。

安装接线的技术要求如下。

① 按图 1-26 完成电路的安装接线。

② 电气元件要选择正确，安装牢固。

③ 布线要整齐、平直、合理。

④ 导线绝缘皮剥削要合适，芯线无损伤。

⑤ 接线时导线应不压绝缘皮、不反圈、不裸露过长芯线、不松动。

4）电路的安装接线与调试

按图 1-26 完成电路安装接线并调试电路。

（1）选择与检测电气元件。识读图 1-26，按图 1-26 选择所需的电气元件并完成对各电气元件的检测，记录各电气元件的型号、规格、数量。

不同的电气元件有不同的检测方法与内容：对于交流接触器与热继电器，检测时应在不通电的情况下，用万用表检查交流接触器的线圈、热继电器的热元件是否完好，各触点的分断情况是否良好等，在电动机铭牌上查出额定电流，调整热继电器的整定电流；对于电动机，要用摇表检测电动机的绝缘电阻，并记录下质量检测情况。

（2）按图 1-26 布置电气元件。电气元件在接线板上的安装工艺要求与布置原则如下。

① 利于安装接线。将功能相似的电气元件安装在一起，将外形尺寸或质量相近的电气元件安装在一起。

② 电气元件的安装要合理、整齐、匀称、间距适当，便于维修查线和更换。

③ 强电部分和弱电部分要分开。若有必要，可将弱电部分屏蔽起来，以防止外界干扰。

④ 考虑电气元件的质量与发热量。体积大、较重的电气元件安装在下面，发热量较大的电气元件安装在上面。

⑤ 尽可能减少导线的数量和长度。将接线关系密切的电气元件按顺序组合在一起。

⑥ 接线板的进出线一般采用接线端子。

⑦ 电气元件的安装要松紧适度，保证既不松动，也不因过紧而损坏电气元件。

⑧ 在安装刀开关时，瓷底应与地面垂直，合闸后手柄应向上，不得倒装或平装。电源端应在刀开关的上方，负载端应在刀开关的下方，保证分闸后负载端不带电。在安装转换开关时，应使手柄旋转至水平位置时为断开状态。

电动机长动控制线路的电气元件布置如图 1-31 所示。

（3）按图 1-26 完成接线。接线的一般顺序是先接主电路，再接控制线路。

主电路与控制线路的接线完成后，盖上线槽盖，如图 1-32 所示，然后通过接线端子与电动机连接。

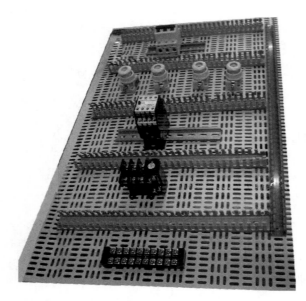

图 1-31 电动机长动控制线路的电气元件布置

图 1-32 完成接线后的接线板

（4）整理现场。接线完毕后，注意清理工作台及接线板，以防止线头、螺钉等小部件遗留在接线板上，造成短路等故障。

（5）通电前检查。在通电运行前，应分别对主电路及控制线路进行检测，一般采用万用表的电阻挡，重点检查电路是否短路。检查电路的工作情况时，可在电路不通电的情况下，按下相应的按钮或接通交流接触器的触点，测量各点的通断情况。若发现异常，则逐级检查电气元件或导线，及时排除故障。

（6）与教师一起进行通电实训。在电路检查无误后，方可进行通电实训，启动电动机。通电时应由教师接通电源并在现场监护，学生应正确操作，认真观察实训现象，与工作要求比较。

若电路出现故障，应对照图 1-26 查找故障点并排除故障，直至电路正常工作为止。若需带电检查，必须有教师在现场监护。

（7）断电拆线。实训完成后，应先断开电源，再拆除电路并清理现场，制作实训记录表，把实训仪器及设备上交给教师。

📖 边学边练

（1）断开电动机长动控制线路中与启动按钮 SB2 并联的交流接触器 KM 的常开触点，按下启动按钮 SB2，然后松开，观察交流接触器 KM 和电动机的动作。

（2）若按下启动按钮 SB2，电动机不运行，可能的原因有哪些？怎样查出故障点？

3. 常见故障分析

电动机长动控制线路中常见的故障如表 1-10 所示。

表 1-10　电动机长动控制线路中常见的故障

故 障 现 象	原　因	排 除 方 法
接通电源或按下启动按钮后，熔断器的熔体立即熔断	电路短路	仔细检查电动机长动控制线路，明确是主电路出现故障还是控制线路出现故障，然后逐级检查，缩小故障范围
交流接触器不动作，电动机不能运行	可能是电源输入异常，也可能是控制线路有故障	若按下启动按钮，交流接触器不动作，说明交流接触器的线圈没有通电，应先检查电源输入是否正常，若正常，则表明控制线路有故障。逐级检查控制线路，待控制线路中的故障被排除后，交流接触器通电动作，再观察电动机是否运行
交流接触器动作，电动机不能运行	主电路有故障	若按下启动按钮，交流接触器动作，说明交流接触器的线圈已通电，控制线路完好，应逐级检查主电路
电动机发出异常声音且不能运行或转速很慢	电动机缺相运行，主电路中的某一相电路开路	检查主电路中是否存在接头松脱、交流接触器的某对主触点损坏、熔断器的熔体熔断或电动机的接线有一相断开等情况
电动机只能点动控制	交流接触器自锁失灵	检查自锁电路中交流接触器的自锁触点及接线情况
接通电源时，没有按下启动按钮而电动机自行运行	启动按钮被短接	检查控制线路中启动按钮的触点及接线情况
电动机不能停止运行	可能是交流接触器的主触点烧焊，也可能是停止按钮被卡住不能断开或被短接	检查交流接触器和停止按钮的触点及接线情况

4. 实训记录

（1）描述交流接触器、电动机工作时的现象，并填写表 1-11。

表 1-11　交流接触器、电动机工作时的现象

操　作	现　象	
	交流接触器	电 动 机
按下启动按钮 SB2		
松开启动按钮 SB2		
按下停止按钮 SB1		

（2）记录在实训过程中出现的电路故障，说出故障原因和正确的排除方法，并填写表 1-12。

表 1-12　电路中出现的故障

故 障 现 象	故 障 原 因	排 除 方 法

三、知识拓展——其他长动与点动控制线路

1. 既能长动控制又能点动控制的电路

在实际应用电路中，有时除要求电动机能长期工作外，还需要其能点动调整进行短期工作。既能长动控制又能点动控制的电路如图 1-33 所示。

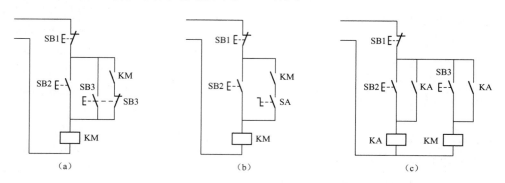

图 1-33　既能长动控制又能点动控制的电路

（1）用按钮实现长动控制和点动控制。

如图 1-33（a）所示，操作按钮 SB2 实现长动控制，操作按钮 SB3 实现点动控制。

（2）用开关实现长动控制和点动控制。

如图 1-33（b）所示，当开关 SA 闭合时，自锁触点起作用，实现长动控制；当开关 SA 断开时，自锁电路断开，实现点动控制。

（3）用中间继电器实现长动控制和点动控制。

如图 1-33（c）所示，操作按钮 SB2，KA 线圈通电自锁，实现长动控制；操作按钮 SB3，KA 线圈不通电，KM 线圈无自锁，只能实现点动控制。

2. 多地点控制线路

X62W 型铣床的主轴电动机在启动和停止时可以分别在两处操作启动按钮和停止按钮，使用非常方便，实现了两地控制。在许多大型机床中，为了操作方便，常要求能在多处对电动机进行控制，即多地点控制。

图 1-34 所示为两地控制线路，可以在甲、乙两地实现对电动机的启停控制。按钮 SB11 和 SB12 安装在甲地，按钮 SB21 和 SB22 安装在乙地，接线方法是两地的启动按钮并联，停止按钮串联。

📖 **边学边练**

　　为了方便操作，在某大型机床床身的三处分别设置启动按钮与停止按钮，工作时可根据需要按下邻近的按钮，实现电动机启停的三地控制，试画出其电气原理图。

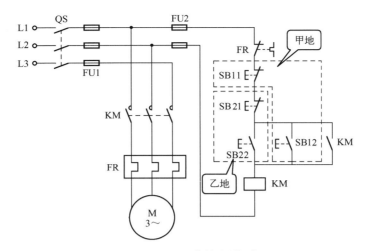

图 1-34　两地控制线路

思考与练习

（1）图 1-35 所示的控制线路各有什么错误？通电时会出现什么现象？

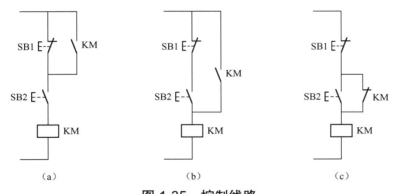

（a）　　　　　　　　（b）　　　　　　　　（c）

图 1-35　控制线路

（2）在电动机长动控制线路中，若主电路中有一相熔断器的熔体已熔断，会发生什么现象？若控制线路中有一相熔断器的熔体已熔断，会发生什么现象？

任务三　电动机正反转控制线路的安装接线与故障排除

任务描述

旋转 X62W 型铣床的顺铣和逆铣转换开关，就能改变铣床主轴的旋转方向；改变工作台纵向或横向移动手柄的位置，工作台可以向相反方向运动。这些功能都是通过电动机正反转控制线路实现的。

图 1-36 所示为交流接触器与按钮双重互锁正反转控制线路。正常工作时，按下正转按钮 SB1，电动机 M 正转，按下反转按钮 SB2，电动机 M 反转，按下停止按钮 SB3，电动机 M 断电，停止转动。试分析图 1-36，完成电路的安装接线及对有关故障的分析和排除。

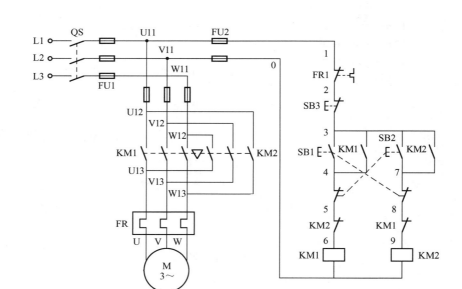

图 1-36 交流接触器与按钮双重互锁正反转控制线路

任务分析

图 1-36 所示电路中的电气元件主要有按钮、交流接触器、熔断器和热继电器等，任务二已经介绍过利用这些电气元件控制电动机的启动与停止的方法，本任务要完成电动机正反转控制，并根据故障现象，分析、排除故障。

任务目标

- 掌握电动机正反转控制的原理。
- 识读电气原理图，正确使用电气元件，能按图 1-36 完成电路的安装接线。
- 掌握电气控制线路的分析方法，能根据故障现象，分析、排除故障。
- 培养分析电路的能力，为学习其他电气控制线路打下基础。
- 通过实践操作，引导学生弘扬劳动精神，培养其吃苦耐劳的作风、勇于探索的创新精神，增强其社会责任感。
- 通过规范操作，树立安全文明生产意识、标准意识，养成良好的职业素养，培养严谨的治学精神、精益求精的工匠精神。
- 通过小组合作完成实训任务，树立责任意识、团结合作意识，提高沟通表达能力、团队协作能力。

一、基础知识

1. 电动机正反转控制的原理

正反转控制是指采用某一种方式实现电动机转向正反调换的控制。由电动机转动的原理可知，互换通入电动机定子绕组的三相电源中的两相，该电动机即可实现转向的改变。

电动机正反转控制线路有许多类型，常见的有转换开关正反转控制线路、交流接触器互锁正反转控制线路、按钮互锁正反转控制线路、交流接触器与按钮双重互锁正反转控制线路等。

2. 电动机正反转控制线路的电气原理图

1）由主电路实现正反转控制

通过转换开关改变电动机定子绕组的电源相序来实现电动机正反转控制，转换开关正反转控制线路如图 1-37 所示。

转换开关实现电动机正反转控制的过程如下。

转换开关 QS 在"停"位置→QS 的动触点与静触点分离→电路断开，电动机不转。

将 QS 的手柄扳至"顺"位置→QS 的动触点与左边的静触点相接触→电路按 L1-U、L2-V、L3-W 接通（输入电动机定子绕组的电源相序为 L1、L2、L3）→电动机正转。

将 QS 的手柄扳至"倒"位置→QS 的动触点与右边的静触点相接触→电路按 L1-W、L2-V、L3-U 接通（输入电动机定子绕组的电源相序为 L3、L2、L1）→电动机反转。

但需要注意的一点是，当电动机正转时，要使它反转，应先将 QS 的手柄扳至"停"位置，使电动机先停止转动，然后把 QS 的手柄扳至"倒"位置，使它反转。如果直接将 QS 的手柄从"顺"位置扳至"倒"位置，会产生很大的反接电流，易使电动机定子绕组损坏。

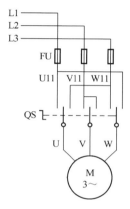

图 1-37　转换开关正反转控制线路

2）由控制线路实现正反转控制

（1）基本正反转控制线路。

如图 1-38 所示，基本正反转控制线路中采用了两个交流接触器，即正转控制线路中的交流接触器 KM1 和反转控制线路中的交流接触器 KM2，利用 KM1 和 KM2 的主触点来实现电源相序的改变，进而实现电动机正反转控制。

正转的工作原理如下。

按下正转按钮 SB1→KM1 线圈通电→KM1 主触点闭合→电动机正转

反转的工作原理如下。

按下反转按钮 SB2→KM2 线圈通电→KM2 主触点闭合→电动机反转

电动机由正转切换为反转时，必须先按下停止按钮 SB3，使电动机断电、停止转动后，才能按下反转按钮 SB2 使其反转。若在电动机正转时按下反转按钮 SB2，由于 KM1、KM2 同时通电，它们的主触点同时闭合，将造成电源两相短路。

（2）交流接触器互锁正反转控制线路。

如图 1-39 所示，为了避免 KM1 和 KM2 同时通电动作，造成短路故障，在正转控制线路、反转控制线路中分别串联了对方电路中交流接触器的一个常闭辅助触点。这样，当一个交流接触器通电动作时，其常闭辅助触点断开，使另一个接触器不能通电动作。交流接触器间的这种相互制约关系叫作互锁（或联锁），用符号"▽"表示。实现互锁的常闭辅助触点叫作互锁触点。

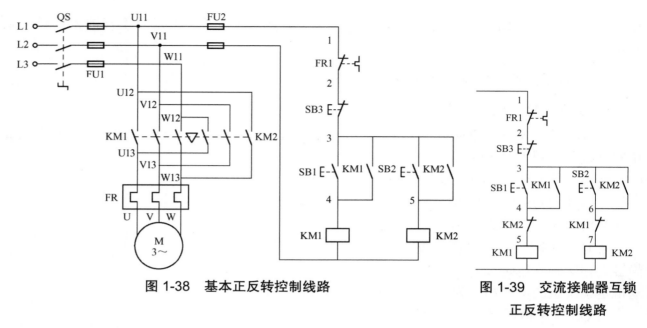

图 1-38　基本正反转控制线路　　　　　图 1-39　交流接触器互锁
　　　　　　　　　　　　　　　　　　　　　　　正反转控制线路

正转的工作原理如下。

按下正转按钮SB1→KM1线圈通电→ $\begin{cases} \text{KM1自锁触点闭合，形成自锁} \\ \text{KM1主触点闭合} \\ \text{KM1互锁触点断开，形成对KM2的互锁} \end{cases}$ → 电动机连续正转

反转的工作原理如下。

按下停止按钮SB3→KM1线圈断电→ $\begin{cases} \text{KM1自锁触点断开，解除自锁} \\ \text{KM1主触点断开} \\ \text{KM1互锁触点恢复闭合，解除对KM2的互锁} \end{cases}$ → 电动机断电，停止转动

→ 按下反转按钮SB2→KM2线圈通电→ $\begin{cases} \text{KM2自锁触点闭合，形成自锁} \\ \text{KM2主触点闭合} \\ \text{KM2互锁触点断开，形成对KM1的互锁} \end{cases}$ → 电动机连续反转

无论是正转控制线路还是反转控制线路，电动机停止转动时的动作原理如下：

按下停止按钮 SB3→控制线路断电→KM1（或 KM2）主触点断开→电动机断电，停止转动

从以上电路分析可知，交流接触器互锁正反转控制线路的优点是安全可靠性高，缺点是操作不便。电动机从正转变为反转时，必须先按下停止按钮，使电动机停止转动后再按下反转按钮。交流接触器的互锁作用虽然保证了不会发生短路故障，但是电动机仍然不能实现直接反转。

（3）交流接触器与按钮双重互锁正反转控制线路。

为了克服交流接触器互锁正反转控制线路操作不便的缺点，把正转按钮 SB1 和反转按钮 SB2 换成两个复合按钮，这样，在交流接触器互锁的基础上，又加入了按钮互锁，构成了交流接触器与按钮双重互锁正反转控制线路，如图 1-36 所示。此电路整合了两种互锁正反转控制线路的优点，可直接进行正反转切换，操作方便，安全可靠性高。

正转的工作原理如下。

按下正转按钮SB1→ { SB1常闭触点先断开，形成对KM2的互锁（切断反转控制线路）
{ SB1常开触点后闭合→KM1线圈通电 ┐

→ { KM1自锁触点闭合，形成自锁 } → 电动机连续正转
{ KM1主触点闭合 }
{ KM1互锁触点断开，形成对KM2的互锁

反转的工作原理如下。

按下反转按钮SB2→ { SB2常闭触点先断开，形成对KM1的互锁（切断正转控制线路）
{ SB2常开触点后闭合→KM2线圈通电 ┐

→ { KM2自锁触点闭合，形成自锁 } → 电动机连续反转
{ KM2主触点闭合 }
{ KM2互锁触点断开，形成对KM1的互锁

无论是正转控制线路还是反转控制线路，电动机停止转动时的动作原理如下：

按下停止按钮 SB3→控制线路断电→KM1（或 KM2）主触点断开→电动机断电，停止转动

📖 **边学边练**

（1）什么是互锁？互锁有什么作用？
（2）交流接触器与按钮双重互锁正反转控制线路有什么优点？

二、任务实施

1. 器材准备

- 交流接触器 2 个，按钮 3 个，熔断器 2 组，刀开关 1 个，热继电器 1 个。
- 电动机 1 台。
- 常用电工工具 1 套，万用表 1 只。
- 导线若干。

2. 电路的安装接线

根据图 1-36 选择电气元件，并完成电路的安装接线及调试运行。

1）电气元件的识别与检测

识读图 1-36，选择所需的电气元件并对其进行检测，在电气元件记录表（见表 1-13）中记录各电气元件的型号、规格、主要作用等。

表 1-13　电气元件记录表 1

电气元件名称	电 气 符 号	型　　　号	额定电压/V	额定电流/A	主 要 作 用	检 测 情 况
刀开关						
熔断器						
按钮						
交流接触器						
热继电器						
电动机						

2）按步骤完成安装接线

（1）按图 1-36 布置电气元件并将其固定在接线板上。

（2）按图 1-36 完成接线。

（3）整理现场。

（4）通电前检查。

（5）通电试车。

（6）断电拆线。

3）实训记录

通电试车成功后，根据表 1-14 中的操作记录实训现象，填写表 1-14。

表 1-14　实训现象 1

操　作	现　　象		
	KM1	KM2	电　动　机
按下正转按钮 SB1			
松开正转按钮 SB1			
按下反转按钮 SB2			
松开反转按钮 SB2			
按下停止按钮 SB3			

3. 常见故障分析与排除

1）电路的常见故障分析

电动机正反转控制线路中常见的故障如表 1-15 所示。

表 1-15　电动机正反转控制线路中常见的故障

故 障 现 象	原　因	排 除 方 法
接通电源或按下启动按钮后，熔断器的熔体立刻熔断	电路短路	先明确主电路或者控制线路是否短路，然后逐级检查，缩小故障范围
交流接触器不动作，电动机不能转动	电源输入异常；与交流接触器线圈串联的控制线路有故障	先检查电源输入是否正常，若正常，则表明控制线路有故障，应先逐级检查控制线路，待控制线路中的故障被排除后，交流接触器通电动作，再观察电动机是否转动
交流接触器动作，电动机不能转动	主电路有故障；电动机有故障	交流接触器线圈已通电，说明控制线路完好，应逐级检查主电路。当然，也不排除电动机有故障的可能
电动机发出异常声音且不能转动或转速很慢	主电路中的某一相电路开路，造成电动机缺相运行	检查主电路的接头是否松脱、交流接触器的某对主触点是否损坏、熔断器的熔体是否熔断或电动机的接线是否有一相断开等
电动机只能点动控制	控制线路自锁环节失效	检查控制线路中交流接触器的自锁触点及接线情况
接通电源时，没有按下启动按钮，而电动机自行启动	启动按钮被短接	检查控制线路中启动按钮的触点及接线情况
电动机不能停止转动	交流接触器的主触点烧焊；停止按钮不能断开；停止按钮被短接	检查交流接触器和停止按钮的触点及接线情况

续表

故 障 现 象	原　　因	排 除 方 法
电动机只能单方向转动	没有互换三相交流电源中任意两相的相序；互换相序的电路连接不正确	检查两个交流接触器的主触点，查看是否互换主电路相序接线的位置；检查相序互换是否正确

2）故障设置与检修

（1）熟悉正常电路的工作情况。

（2）教师设置故障。

（3）教师进行示范检修。

① 用试验法观察故障现象。

注意观察电动机的转动情况、交流接触器的动作情况和电路的工作情况等，若发现异常，马上切断电路进行检查。

② 逐级检查电路，用逻辑分析法缩小故障范围，并在电气原理图上用虚线标出故障点所在的最小范围。

③ 用测量法准确、迅速地找出故障点。

④ 根据不同的故障情况，采取正确的检修方法，迅速排除故障。

⑤ 排除故障后通电试车。

（4）学生检修。

教师根据学生的实际情况，在主电路和控制线路中分别设置 1～2 个故障，让学生根据电路工作时的现象，从原理上分析可能的故障原因，列出可能的故障点，逐步测试、查找并排除故障。在检修过程中，教师可给予启发性的指导意见。

3）注意事项

（1）要认真听取教师在示范检修过程中的讲解，仔细观察教师的检修操作。

（2）要熟练掌握电路原理和电气原理图中各环节的作用。

（3）在排除故障过程中，分析思路和方法要正确。

（4）规范使用电工工具及万用表。

（5）学生带电检修故障时，必须有教师在现场监护，确保用电安全。

（6）学生检修必须在规定时间内完成。

4）实训记录

根据电路的故障现象，对电路进行分析，填写表 1-16。

表 1-16　电路故障分析 1

故 障 现 象	故 障 原 因	排除故障的方法

📖 边学边练

（1）在图 1-36 中，如果先按下反转按钮 SB2，会有什么现象发生？为什么？
（2）如果电动机不能反转，那么原因可能是什么？

三、知识拓展——自动往复循环控制线路

在实际生产中，有些生产机械（如平面磨床、车床等）要求工作台能在一定的行程内自动往复运动，以方便实现对工件的连续加工，从而提高生产效率，因此要求电气控制线路能实现电动机自动转换正反转控制。用行程开关控制的自动往复循环控制线路就可实现这种功能。

1）行程开关

行程开关（见图 1-40）能够根据生产机械的行程发布命令，以控制其运动方向和行程长短。若将行程开关安装在生产机械行程的终点用于限制其行程，则称其为限位开关或终端开关。

| （a）用于控制工作台加工区域的行程开关 | （b）LX19 系列行程开关 | （c）微动开关 | （d）高精度组合行程开关 |

图 1-40　常见的行程开关

行程开关可分为有触点式行程开关和无触点式行程开关。有触点式行程开关按运动形式可分为直动式行程开关、微动开关、滚轮式（旋转式）行程开关；无触点式行程开关又称为接近开关。

直动式行程开关的动作原理与控制按钮相同，其结构示意图及图形符号如图 1-41 所示，它的缺点是触点分合速度取决于生产机械的移动速度，当生产机械的移动速度低于 0.4m/min 时，触点断开得太慢，易受电弧烧蚀，此时应采用盘形弹簧瞬时动作的滚轮式行程开关。

微动开关是具有瞬时动作和微小行程的灵敏开关。图 1-42 所示为其结构示意图。当推杆 4 在机械作用下压下时，弹簧片 5 产生形变，储存能量并产生位移，当达到临界点时，弹簧片 5 连同桥式动触点 2 瞬时动作。当失去外力后，推杆 4 在弹簧片 5 的作用下迅速复位，桥式动触点 2 恢复至原来状态。由于采用瞬动机构，因此桥式动触点 2 的换接速度不受推杆 4 压下速度的影响。

目前，国内生产的行程开关有 LXK3、3SE3、LX19、LXW 和 LX 等系列。常用的行程开关有 LX19、LXW5、LXK3、LX32 和 LX33 等系列。

行程开关的选用原则如下。

① 根据应用场合及控制对象选择。
② 根据安装环境选择防护形式，如开启式或保护式。

③ 根据控制线路的电压和电流选择。

④ 根据生产机械与行程开关的传动力与位移关系选择合适的头部形式。

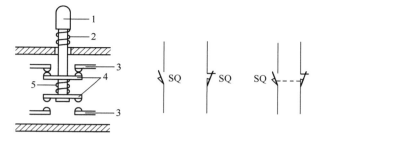

1—顶杆；2—复位弹簧；3—静触点；

4—动触点；5—触点弹簧。

图 1-41　直动式行程开关的结构示意图及图形符号

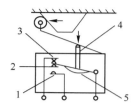

1—常开静触点；2—桥式动触点；3—常闭静触点；

4—推杆；5—弹簧片。

图 1-42　微动开关的结构示意图

接近开关是一种不需要与机械运动部件进行机械接触就可以操作的电气元件，当机械运动部件运动到接近开关的一定距离内时，它就能动作，其可以用于行程控制和极限位置保护，还可以用于测速、零件尺寸检测、加工程序的自动衔接等。它既有行程开关、微动开关的特性，又有传感性能，不仅动作可靠、性能稳定、频率响应快、使用寿命长、抗干扰能力强，还具有防水、防震、耐腐蚀等特点。

图 1-43 所示为几种常见的接近开关实物及图形符号。

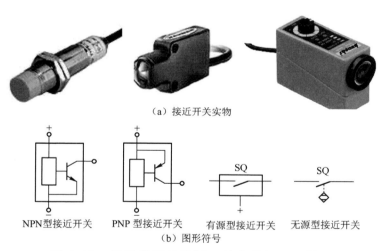

（a）接近开关实物

NPN 型接近开关　　PNP 型接近开关　　有源型接近开关　　无源型接近开关

（b）图形符号

图 1-43　几种常见的接近开关实物及图形符号

接近开关分为有源型和无源型两种，大多数接近开关为有源型，主要包括检测元件、放大电路、输出驱动电路 3 部分，一般采用 5～24V 的直流电源或 220V 的交流电源。图 1-44 所示为三线式有源型接近开关的结构框图。

由于接近开关具有非接触式触发，动作速度快，可在不同的检测距离内动作，发出的信号稳定可靠、无脉动，寿命长，重复定位精度高，能适应恶劣的工作环境等特点，所以其在机床、纺织、印刷、塑料等工业生产领域中应用广泛。

接近开关的选用原则如下。

① 根据工作频率、可靠性及精度要求选择。

② 根据检测距离、安装尺寸选择。

③ 根据输出要求的触点形式（有触点、无触点）、触点数量、输出形式选择。

④ 根据所使用的电源类型（交流、直流）和电压等级选择。

2）自动往复循环控制线路

图 1-45 所示为实现自动往复循环运动的工作台示意图，其能实现左右自动往复循环运动，并具有极限位置保护功能。

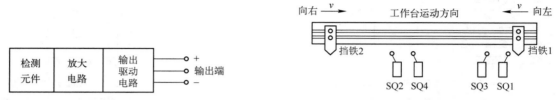

图 1-44 三线式有源型接近开关的结构框图   图 1-45 实现自动往复循环运动的工作台示意图

如图 1-45 所示，在工作台的限定位置上安装了 4 个接近开关 SQ1、SQ2、SQ3、SQ4，使电动机正反转控制与工作台的运动相互配合。其中，SQ1、SQ2 用于控制电动机正反转，实现对工作台的自动往复循环运动控制；SQ3、SQ4 用于实现极限位置保护，以防止 SQ1、SQ2 失灵，工作台越过限定位置而造成事故。

在工作台中，挡铁 1 只能与 SQ1、SQ3 相碰撞，挡铁 2 只能与 SQ2、SQ4 相碰撞。当工作台运动到限定位置时，挡铁碰撞接近开关使其触点动作，自动换接电动机正反转控制线路，通过机械传动机构使工作台自动往复循环运动。

图 1-46 所示为由接近开关控制的自动往复循环控制线路。

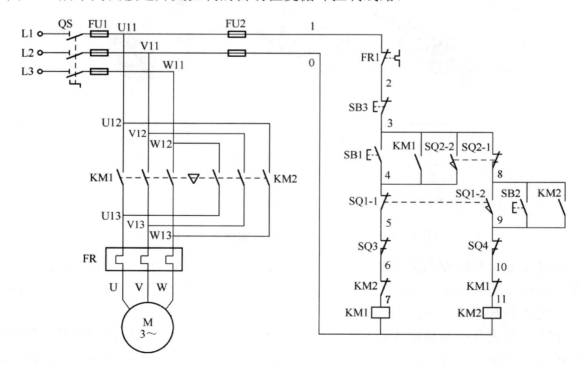

图 1-46 由接近开关控制的自动往复循环控制线路

自动往复循环控制线路的工作原理如下。

按下按钮SB1 → KM1线圈通电 → { KM1自锁触点闭合，形成自锁 / KM1主触点闭合 } → 电动机正转 / KM1互锁触点断开，形成对KM2的互锁

→ 工作台左移 → 至限定位置，挡铁1碰撞SQ1 →

{ SQ1-1先断开 → KM1线圈断电 → { KM1自锁触点断开 / KM1主触点断开 } → 电动机停止正转，工作台停止左移 / KM1互锁触点恢复闭合 } / SQ1-2后闭合 →

→ KM2线圈通电 → { KM2自锁触点闭合，形成自锁 / KM2主触点闭合 } → 电动机反转 / KM2互锁触点断开，形成对KM1的互锁

→ 工作台右移 → 至限定位置，挡铁2碰撞SQ2 →

{ SQ2-1先断开 → KM2线圈断电 → { KM2自锁触点断开，解除自锁 / KM2主触点断开 } → 电动机停止反转，工作台停止右移 / KM2互锁触点恢复闭合 } / SQ2-2后闭合 →

→ KM1线圈通电 → { KM1自锁触点闭合，形成自锁 / KM1主触点闭合 } → 电动机再次正转 / KM1互锁触点断开，形成对KM2的互锁

→ 工作台再次左移（SQ2的触点复位）→ ……

电路自动重复上述过程，工作台在限定的行程内自动往复循环运动。

当工作台运动至限定行程的任意位置时，按下停止按钮 SB3，工作台立即停止，再按下按钮 SB1 或 SB2，工作台又开始左移或右移，进行自动往复循环运动。

为防止 SQ1、SQ2 失灵，工作台越过限定位置而造成事故，特用 SQ3、SQ4 两个接近开关来实现极限位置保护。当 SQ1、SQ2 两个接近开关失灵时，工作台越过限定位置，触碰接近开关 SQ3、SQ4，使其串联在电动机正反转控制线路中的常闭触点动作，造成 KM1 线圈或 KM2 线圈断电，切断电动机正反转控制线路，使工作台停止运动。

📖 边学边练

（1）在由接近开关控制的自动往复循环控制线路中，若 SQ1 的常开触点损坏，将会出现什么现象？

（2）由接近开关控制的电路与由按钮控制的电路相比，具有什么优点？

思考与练习

（1）在图 1-36 中，按下正转按钮后，电动机正常转动，若此时很轻地按一下反转按钮，会出现什么现象？为什么？

（2）接近开关具有哪些作用？

任务四　电动机顺序控制线路的安装接线与故障排除

任务描述

X62W 型铣床工作台的进给运动只有在主轴电动机 M1 运行后才能进行，这种控制方式叫作顺序控制。

图 1-47 所示为电动机顺序控制线路。正常工作时，按下启动按钮 SB1，电动机 M1 启动，然后按下启动按钮 SB2，电动机 M2 启动；如果 M1 没有启动，则 M2 不能单独启动；按下停止按钮 SB3，M1、M2 同时停止。

试分析电动机顺序控制线路的工作原理及电气原理图，完成其安装接线及有关故障的分析、排除。

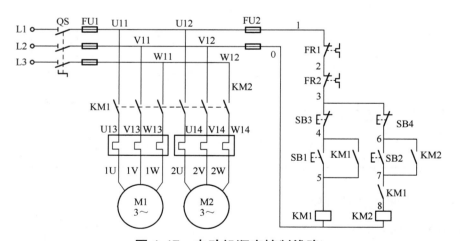

图 1-47　电动机顺序控制线路

任务分析

图 1-47 所示的电路要完成的是对两台电动机 M1、M2 的顺序控制。需要注意的是，电动机顺序控制线路中用到了两台电动机，与前文介绍的电气控制线路稍有区别，但是万变不离其宗，它们都是由控制线路控制交流接触器，从而实现对电动机的控制的。

任务目标

- 掌握电动机顺序控制的原理。
- 识读电气原理图,正确选择电气元件,能按图 1-47 完成电路的安装接线。
- 掌握电气控制线路的分析方法,能根据故障现象,分析、排除故障。
- 培养分析电路的能力和举一反三的能力,为学习其他电气控制线路打下基础。
- 通过实践操作,引导学生弘扬劳动精神,培养其吃苦耐劳的作风、勇于探索的创新精神,增强其社会责任感。
- 通过规范操作,树立安全文明生产意识、标准意识,养成良好的职业素养,培养严谨的治学精神、精益求精的工匠精神。
- 通过小组合作完成实训任务,树立责任意识、团结合作意识,提高沟通表达能力、团队协作能力。

一、基础知识

1. 顺序控制的原理

在实际生产中,一台机械设备往往装有多台电动机,各台电动机所起的作用是不同的,有时需要使其按一定的顺序启动或停止,才能保证操作过程的合理和设备的安全、可靠。例如,在机床中,只有用于润滑的电动机启动后,主轴电动机才能启动,顺序颠倒会造成设备损坏。像这种要求几台电动机的启动或停止必须按一定的先后顺序来完成的控制方式叫作电动机的顺序控制。电动机的顺序控制可以通过主电路或者控制线路来实现。

2. 由主电路实现的顺序控制

如图 1-48 所示,电动机 M1 和 M2 分别由交流接触器 KM1 和 KM2 进行控制。由于主电路中 KM2 的主触点接在了 KM1 主触点的下方,因此只有 KM1 主触点闭合后,M2 才具备接通电源,实现转动的可能。

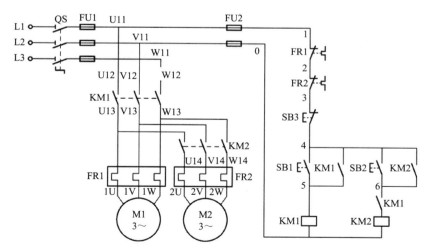

图 1-48　由主电路实现的顺序控制

图 1-48 所示电路的工作原理如下。

接通电源开关QS ┐
└→按下启动按钮SB1→KM1线圈通电 → { KM1主触点闭合
                                    KM1自锁触点闭合，形成自锁 }
┌→ M1启动，连续运转
└→按下启动按钮SB2→KM2线圈通电 → { KM2主触点闭合
                                    KM2自锁触点闭合，形成自锁 }
└→ M2启动，连续运转

在图 1-48 所示电路中，M1、M2 是同时停止转动的。因为按下停止按钮 SB3 后，控制线路中的 KM1 线圈、KM2 线圈同时断电，使它们的主触点都断开，因此 M1、M2 同时停止转动。

由主电路实现顺序控制的关键是 KM2 的主触点接在了 KM1 主触点的下方。

3. 由控制线路实现的顺序控制

1）M1、M2 顺序启动，同时停止的电路

如图 1-49 所示，在主电路中，电动机 M1 和 M2 分别由交流接触器 KM1 和 KM2 进行控制。在控制线路中，KM2 线圈串联了 KM1 常开触点，只有在 KM1 线圈通电后（M1 启动），KM1 常开触点闭合，KM2 线圈才能通电，进而启动 M2。

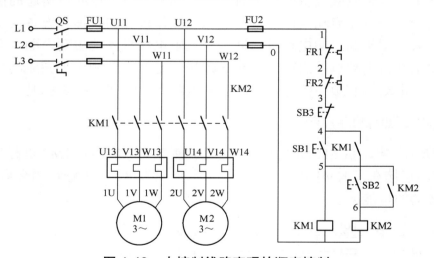

图 1-49　由控制线路实现的顺序控制

图 1-49 所示电路的工作原理如下。

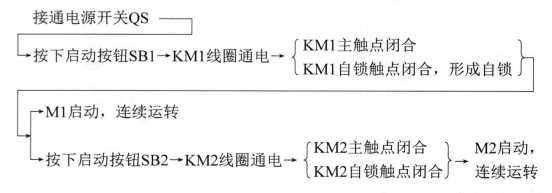

在图 1-49 所示电路中，M1、M2 也是同时停止转动的。因为按下停止按钮 SB3 后，控制线路中的 KM1 线圈、KM2 线圈同时断电，使它们的主触点同时断开，因此 M1、M2 同时停止转动。

由上述分析可知，M1 和 M2 顺序启动的关键是 KM2 线圈所在的电路中串联了 KM1 常开触点，从而使 M1 启动后 M2 才可能启动。

2）M1、M2 顺序启动，M2 可单独停止的电路

根据图 1-47 对图 1-49 所示电路中的控制线路进行改动，在 KM2 线圈所在的电路中串联 KM1 常开触点。这时，只要 M1 不启动，即使按下启动按钮 SB2，由于 KM1 的常开辅助触点未闭合，KM2 线圈也不可能通电，从而满足了 M1 启动后，M2 才能启动的控制要求。停止按钮 SB3 控制两台电动机同时停止，停止按钮 SB4 可使 M2 单独停止。

📖 边学边练

> 比较由主电路实现顺序控制的电路与由控制线路实现顺序控制的电路的异同，并讲述其各自的特点。

二、任务实施

1. 器材准备

- 交流接触器 2 个，按钮 4 个，熔断器 2 组，刀开关 1 个，热继电器 2 个。
- 电动机 2 台。
- 常用电工工具 1 套，万用表 1 只。

2. 电路的安装接线

1）线号管、配线标志管的使用

线号管由白色软质 PVC 塑料制成，在管线上面用专门的打号机打上需要的数字或字母，将其套在导线的接头端，用于标记导线，如图 1-50 所示。其规格与导线规格相匹配，常用的规格有 0.75mm²、1.0mm²、1.5mm²、2.5mm²、4.0mm²、6.0mm²，如 1.5mm² 的导线应选用 1.5mm² 的线号管。

配线标志管已经把数字或字母印在塑料管上，并将其分割成小段，如图 1-51 所示。其使用时可随意组合，用来标记导线很方便。

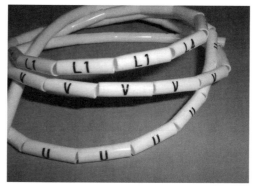

图 1-50　线号管

图 1-51　配线标志管

2）选择并检测电气元件

根据图 1-47 选择所需的电气元件并对其进行检测，在电气元件记录表（见表 1-17）中记录各电气元件的型号、规格、主要作用等。

表 1-17　电气元件记录表 2

元器件名称	电气符号	型号	数量	额定电压/V	额定电流/A	主要作用	检测情况
刀开关							
熔断器							
按钮							
热继电器							
交流接触器							
电动机							

3）按步骤完成安装接线

（1）按图 1-47 布置电气元件并将其固定在接线板上。

（2）按图 1-47 完成接线。

（3）整理现场。

（4）通电前检查。

（5）通电试车。

（6）断电拆线。

4）实训记录

通电试车成功后，按以下步骤操作，记录实训现象，填写表 1-18。

表 1-18　实训现象 2

操　作	现　象			
	KM1	M1	KM2	M2
（1）按下启动按钮 SB1				
（2）按下启动按钮 SB2				
（3）按下停止按钮 SB4				
（4）按下停止按钮 SB3				
（5）按下启动按钮 SB2				

3. 常见故障分析与排除

1）电路的常见故障分析

电动机顺序控制线路中常见的故障如表 1-19 所示。

表 1-19　电动机顺序控制线路中常见的故障

故障现象	原　因	排　除　方　法
接通电源或按下启动按钮后，熔断器的熔体立刻熔断	电路短路	检查主电路或者控制线路是否短路，然后逐级检查，缩小故障范围

续表

故 障 现 象	原 因	排 除 方 法
交流接触器不动作，电动机不能转动	电源输入异常； 与交流接触器线圈串联的控制线路有故障	先检查电源输入是否正常，若正常，则说明控制线路有故障，应先逐级检查控制线路，待控制线路中的故障被排除后，交流接触器通电动作，再观察电动机是否转动
交流接触器动作，电动机不能转动	主电路有故障； 电动机有故障	交流接触器线圈已通电，说明控制线路完好，应逐级检查主电路。当然，也不排除电动机存在故障的可能
电动机发出异常声音且不能转动或转速很慢	主电路中的某一相电路开路造成电动机缺相运行	检查主电路的接头是否松脱、交流接触器的某对主触点是否损坏、熔断器的熔体是否熔断或电动机的接线是否有一相断开等
电动机只能点动控制	电路自锁环节失效	检查控制线路中交流接触器的自锁触点及接线情况
接通电源时，没有按下启动按钮而电动机自行启动	启动按钮被短接	检查控制线路中启动按钮的触点及接线情况
电动机不能停止转动	交流接触器的主触点烧焊； 停止按钮不能断开； 停止按钮被短接	检查交流接触器和停止按钮的触点及接线情况
M1 正常转动，但 M2 无法启动	M2 的主电路有故障； KM2 的控制线路有故障	检查 KM2 主触点是否吸合，如果 KM2 主触点吸合，则检查 M2 的主电路是否连接正确，检测该电路是否有开路情况；如果 KM2 主触点不吸合，说明 KM2 线圈没通电，则重点检查 KM2 线圈的控制线路，同时不排除主电路存在故障的可能
M1、M2 同时启动	电路连接错误； 启动按钮 SB2 连接错误或被短接	检查启动按钮 SB2 的触点连接是否正确； 检查启动按钮 SB2 是否被短接； 检查主电路是否连接正确

2）故障设置与检修

（1）熟悉正常电路的工作情况。

（2）教师设置故障。

（3）教师进行示范检修。

（4）学生检修。

3）实训记录

根据电路的故障现象，对电路进行具体分析，填写表 1-20。

表 1-20　电路故障分析 2

故 障 现 象	故 障 原 因	排除故障的方法

三、知识拓展——实现两台电动机顺序启动、逆序停止的电路

图 1-52 所示为实现两台电动机顺序启动、逆序停止的电路，它是在图 1-47 的基础上进行部分改动得到的，在停止按钮 SB3 处并联了 KM2 的辅助常开触点。这样，只有在 KM2 断电后，其辅助常开触点断开，停止按钮 SB3 才能起作用，否则，KM2 不断电，即使按下停止按钮 SB3，电路也不会断开，KM1 不会断电。由此，实现了 M1 启动后，M2 才能启动，而 M2 停止后，M1 才能停止，即两台电动机顺序启动、逆序停止。

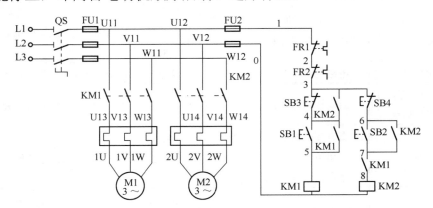

图 1-52　实现两台电动机顺序启动、逆序停止的电路

M1、M2 的顺序启动过程如下。

按下启动按钮SB1→KM1线圈通电→{ KM1主触点闭合 / KM1自锁触点闭合，形成自锁 / 串联于KM2线圈上方的KM1辅助常开触点闭合 }

{ M1启动并连续运转 / 按下启动按钮SB2→KM2线圈通电→{ KM2主触点闭合 / 与停止按钮SB3并联的KM2辅助常开触点闭合 / KM2自锁触点闭合，形成自锁 } }

→M2启动并连续运转

M1、M2 的逆序停止过程如下。

按下停止按钮SB4→KM2 线圈断电→{ KM2主触点断开 / 并联于停止按钮SB3 的 KM2辅助常开触点断开 }

{ M2停止转动 / 按下停止按钮SB3→KM1线圈断电{ KM1主触点断开 / KM1辅助常开触点断开 }→M1停止转动 }

由上述分析可知，M1 和 M2 逆序停止的实现是由于在 KM1 线圈的启动按钮处并联了 KM2 辅助常开触点，从而使 M2 停止后 M1 才可能停止。

📖 边学边练

在图 1-52 中，当两台电动机都正常转动时，如果先按下停止按钮 SB3，能够让电动机 M1 停止吗？为什么？

思考与练习

（1）什么是电动机的顺序控制？如何实现顺序控制？

（2）实现两台电动机顺序启动、逆序停止的电路的关键环节是什么？

（3）三台电动机的顺序启动、逆序停止怎么实现？

任务五　电动机降压启动电路的安装接线与故障排除

▌**任务描述**

当 X62W 型铣床的各台电动机启动时，启动电压就是工作电压，一些大功率电动机在启动时会降低加在电动机定子绕组上的电压，当电动机启动后，再将其恢复到额定值。图 1-53 所示为自动切换的星-三角降压启动电路。当电路正常工作时，按下启动按钮 SB2，电动机定子绕组连接成星形，降压启动；当电动机的转速接近额定转速时，自动换接电路，使电动机定子绕组连成三角形，在额定电压下转动。

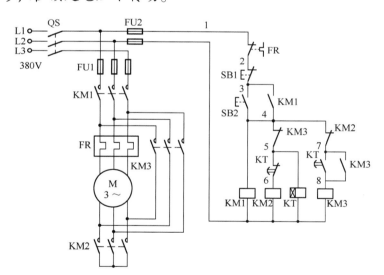

图 1-53　自动切换的星-三角降压启动电路

▌**任务分析**

图 1-53 所示电路完成的是对电动机的星-三角降压启动控制。电路中除用到按钮、交流接触器、热继电器等电气元件外，还用到了时间继电器。本任务不仅要求掌握电动机降压启动的方法，还要求能灵活应用时间继电器。

- 了解电动机降压启动的概念。
- 掌握定子串电阻降压启动、星–三角降压启动的工作原理。
- 了解自耦变压器降压启动的工作原理。
- 掌握时间继电器的工作原理、使用方法。
- 能识读电气原理图，按图 1-53 完成电路的安装接线。
- 学会检修故障的方法，能正确排除星–三角降压启动电路中的故障。
- 通过实践操作，引导学生弘扬劳动精神，培养其吃苦耐劳的作风、勇于探索的创新精神，增强其社会责任感。
- 通过规范操作，树立安全文明生产意识、标准意识，养成良好的职业素养，培养严谨的治学精神、精益求精的工匠精神。
- 通过小组合作完成实训任务，树立责任意识、团结合作意识，提高沟通表达能力、团队协作能力。

一、基础知识

1. 电动机降压启动的概念

电动机由静止状态逐渐加速到正常运转状态的过程叫作电动机的启动。

电动机启动时直接将额定电压加在电动机的定子绕组上，这种启动方式叫作直接启动，也叫作全压启动。

电动机直接启动时的启动电流很大，为额定电流的 4～7 倍，过大的启动电流会引起电网电压显著下降，影响供电线路上其他用电设备的正常运行。直接启动适用于容量较小、工作要求简单的电动机。

降压启动是指当电动机启动时，降低定子绕组上的电压；当电动机的转速升高至接近额定转速时，将定子绕组上的电压恢复到额定电压。降压启动的目的是减小启动电流，降低因启动电流过大引起的供电线路电压降。

由于电动机的启动力矩与电压的平方成正比，降压启动时电动机的启动力矩大大降低，因此降压启动方式只适用于空载或轻载启动，并且当电动机的转速接近额定转速时，为使电动机带动额定负载，需将定子绕组上的电压恢复到额定电压。

常用的降压启动方式有定子串电阻降压启动、星–三角降压启动、自耦变压器降压启动等。

2. 电动机的降压启动电路

1）定子串电阻降压启动

定子串电阻降压启动是指当电动机启动时，在三相定子绕组电路中串联电阻，使电动机定子绕组上的电压降低，启动结束后再将电阻短接，使电动机在额定电压下正常运行。

（1）手动切换。

手动切换的定子串电阻降压启动电路的电气原理图如图 1-54 所示。

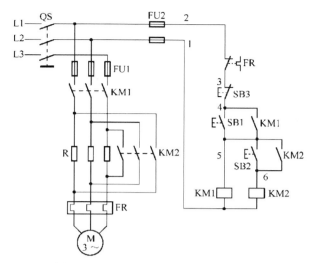

图 1-54　手动切换的定子串电阻降压启动电路的电气原理图

其工作原理如下。

$$按下按钮SB1→KM1线圈通电→\begin{cases}KM1主触点闭合→电动机定子串电阻降压启动\\KM1辅助触点（4—5）闭合，形成自锁\end{cases}$$

当电动机的转速接近额定转速时：

按下按钮 SB2→KM2 线圈通电→KM2 主触点闭合，电阻被短接，电动机全压运行

（2）自动切换。

定子串电阻降压启动电路的自动切换可由时间继电器来完成。

时间继电器是一种利用电磁原理或机械原理实现延时控制的自动开关装置。它的种类很多，有空气阻尼式、电磁式、电动式和电子式等，要根据延时范围和精度来选择时间继电器的类型。

空气阻尼式时间继电器又称为气囊式时间继电器，它是利用空气压缩产生的阻力进行延时的，其结构简单、价格便宜、延时范围大（0.4～180s），但延时精度低。

电磁式时间继电器的延时范围小（0.3～1.6s），但它的结构比较简单，通常用在断电延时场合和直流电路中。

电动式时间继电器的原理与钟表类似，它是利用内部电动机带动减速齿轮转动进行延时的。这种时间继电器的延时精度高、延时范围大（0.4～72h），但结构比较复杂、价格很高。

电子式时间继电器又称为晶体管时间继电器，它是利用延时电路进行延时的。这种时间继电器的精度高、体积小。

图 1-55 所示为常见的时间继电器。

时间继电器按其延时方式可分为通电延时型和断电延时型，在选用时应根据控制要求选择其延时方式。

当衔铁位于铁芯和延时机构之间时，该时间继电器为通电延时型；当铁芯位于衔铁和延时机构之间时，该时间继电器为断电延时型。图 1-56 所示为 JS7-A 型时间继电器的结构图，下面以图 1-56（a）为例说明时间继电器的工作原理。

（a）JS7 系列时间继电器　　（b）带数显的时间继电器　　（c）电子式时间继电器 1　　（d）电子式时间继电器 2

图 1-55　常见的时间继电器

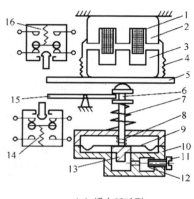
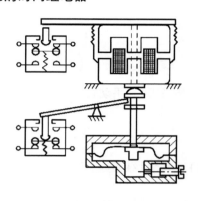

（a）通电延时型　　　　　　　　　　　（b）断电延时型

1—线圈；2—铁芯；3—衔铁；4—反力弹簧；5—推板；6—活塞杆；7—塔形弹簧；8—弹簧；9—橡皮膜；10—空气室壁；

11—调节螺钉；12—进气孔；13—活塞；14—微动开关；15—杠杆；16—开关。

图 1-56　JS7-A 型时间继电器的结构原理图

　　当线圈通电时，衔铁吸合，活塞杆在塔形弹簧的作用下带动活塞及橡皮膜向上移动，使空气室内的空气变得稀薄，形成负压，活塞杆缓慢移动，经过一段时间后，活塞杆通过杠杆压动微动开关，触点动作，从而起到延时的作用。

　　当线圈断电时，衔铁释放，空气室内的空气通过活塞肩部形成的单向阀迅速排出，使微动开关迅速复位。从线圈通电到触点动作所用的时间即为时间继电器的延时时间，可利用调节螺钉来调节延时时间。

　　图 1-57 所示为时间继电器的图形符号。

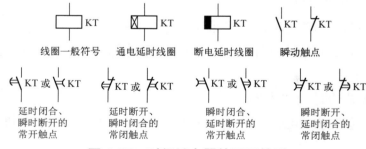

线圈一般符号　　通电延时线圈　　断电延时线圈　　瞬动触点

延时闭合、　　　延时断开、　　　瞬时闭合、　　　瞬时断开、
瞬时断开的　　　瞬时闭合的　　　延时断开的　　　延时闭合的
常开触点　　　　常闭触点　　　　常开触点　　　　常闭触点

图 1-57　时间继电器的图形符号

　　自动切换的定子串电阻降压启动电路如图 1-58 所示，电动机的启动过程如下。

按下按钮SB1→KM1线圈通电→ { KM1主触点闭合→电动机降压启动

KM1辅助触点（5—7）闭合→KT通电 ——

当电动机的转速接近额定转速时

→ KT延时触点（5—8）闭合→KM2线圈通电→KM2主触点闭合，电阻被短接→电动机全压运行

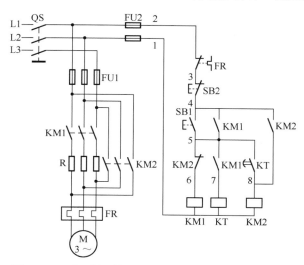

图 1-58　自动切换的定子串电阻降压启动电路

定子串电阻降压启动电路的控制线路简单，操作方便，但由于启动时串入了电阻，所以要消耗一定的电能，不经济。

2）星-三角降压启动

当电动机星-三角降压启动时，先将定子绕组连接成星形，当电动机的转速上升至接近额定转速时，再换接成三角形，进入全压运行。采用星形接法时，定子绕组的相电压与电源的相电压相等；采用三角形接法时，定子绕组的相电压与电源的线电压相等。因此有

$$U_Y = U_\triangle / \sqrt{3}$$

通常情况下，当电动机的定子绕组采用星形接法时，相电压为220V，采用三角形接法时，相电压为380V。

当定子绕组采用三角形接法时，线电流是其相电流的$\sqrt{3}$倍；当定子绕组采用星形接法时，线电流等于其相电流，故采用星形接法时的线电流等于采用三角形接法时线电流的1/3，因而降低了对线电压的影响。

（1）手动切换的星-三角降压启动电路。

手动切换的星-三角降压启动电路如图 1-59 所示。当电动机启动时，按下按钮 SB1，当换接电路时，按下按钮 SB2 手动实现。由于由星形接法向三角形接法切换时需人工完成，所以切换时间不易准确掌握。其启动时的工作原理如下。

闭合QS，按下按钮SB1→ { KM1线圈通电，自锁

KM2线圈通电 } →电动机星形接法启动

当电动机的转速接近额定转速时：

按下按钮SB2 → KM2线圈断电 → $\left\{ \begin{array}{l} \text{KM2主触点断开，辅助常闭触点闭合} \\ \text{KM3线圈通电} \end{array} \right.$ $\left. \begin{array}{l} \\ \end{array} \right\}$ 电动机三角形接法全压运行

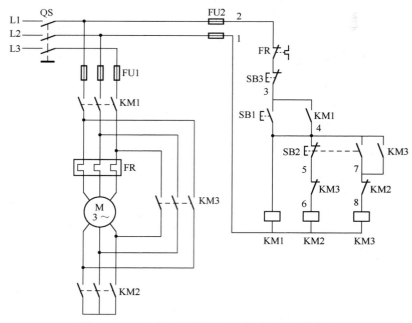

图 1-59 手动切换的星-三角降压启动电路

（2）自动切换的星-三角降压启动电路。

如图 1-53 所示，星-三角降压启动电路的自动切换可由时间继电器来完成，工作原理如下。

按下按钮SB1 → $\left\{ \begin{array}{l} \text{KM1线圈通电} → \left\{ \begin{array}{l} \text{KM1自锁触点（3—4）闭合} \\ \text{KM1主触点闭合} \end{array} \right. \\ \text{KM2线圈通电} → \text{KM2主触点闭合} \\ \text{KT线圈通电} \xrightarrow{\text{延时}} \left\{ \begin{array}{l} \text{KT常闭触点（5—6）断开} → \text{KM2线圈断电} \\ \text{KT常开触点（7—8）闭合} \end{array} \right. \end{array} \right.$

→ 电动机星形接法启动

→ KM3线圈通电 → 电动机三角形接法运行

星-三角降压启动经济可靠，但由于启动电流是正常运行时电流的 1/3，启动转矩也只有正常运行时转矩的 1/3，因而星-三角降压启动只适用于空载或轻载启动的情况。另外，该启动方法也只适用于正常运行状态是三角形接法的电动机，对于正常运行状态是星形接法的电动机，不可采用本方法启动。

📖 **边学边练**

（1）观察时间继电器，学会区分通电延时型和断电延时型。
（2）在图 1-53 中，电动机是如何从降压启动转换为全压运行的？

二、任务实施

1. 器材准备

- 交流接触器 3 个，按钮 2 个，熔断器 2 组，刀开关 1 个，热继电器 1 个，时间继电器 1 个。
- 电动机 1 台。
- 常用电工工具 1 套，万用表 1 只。
- 导线若干。

2. 电路的安装接线

1）选择并检测电气元件

根据图 1-53 选择所需的电气元件并对其进行检测，记录各电气元件的型号、规格、数量，填写表 1-21。

表 1-21　电气元件记录表 3

符　　号	电气元件名称	型　　号	额定电压/V	额定电流/A	数　　量	检 测 情 况
QS	刀开关					
FU	熔断器					
KM	交流接触器					
FR	热继电器					
SB	按钮					
KT	时间继电器					
M	电动机					

2）按步骤完成安装接线

（1）按图 1-53 布置电气元件并将其固定在接线板上。

（2）按图 1-53 完成接线。

（3）整理现场。

（4）通电前检查。

（5）通电试车。

（6）断电拆线。

3）实训记录

（1）观察通电延时型时间继电器，并填写表 1-22。

表 1-22　通电延时型时间继电器

项　　　目		图 形 符 号	数　　量	功 能 特 点
线圈				
瞬时动作触点	常开			
	常闭			

续表

项　　目	图形符号	数　　量	功能特点
通电延时闭合常开触点			
通电延时断开常闭触点			

（2）通电试车成功后，根据实际情况描述实训现象，填写表 1-23。

表 1-23　实训现象 3

操　　作	现　　象				
	KM1	KM2	KM3	KT	M
（1）按下按钮 SB2					
（2）松开按钮 SB2					
（3）延时时间到					
（4）按下按钮 SB1					

3. 常见故障分析与排除

1）电路的常见故障分析

电动机降压启动电路中常见的故障如表 1-24 所示。

表 1-24　电动机降压启动电路中常见的故障

故障现象	原　　因	排除方法
接通电源或按下启动按钮后，熔断器的熔体立刻熔断	电路短路	检查主电路或者控制线路是否短路，然后逐级检查，缩小故障范围
按下启动按钮后，交流接触器不动作，电动机不能转动	电源输入异常；与交流接触器线圈串联的控制线路有故障	先检查电源输入是否正常，若正常，则说明控制线路有故障，应先逐级检查控制线路，待控制线路中的故障被排除后，交流接触器通电动作，再观察电动机是否转动
按下启动按钮后，交流接触器动作，但电动机不能转动	主电路有故障；电动机有故障	交流接触器线圈已通电，说明控制线路完好，应逐级检查主电路。当然，也不排除电动机存在故障的可能
电动机发出异常声音且不能转动或转速很慢	主电路中的某一相电路开路造成电动机缺相运行	检查主电路的接头是否松脱、交流接触器的某对主触点是否损坏、熔断器的熔体是否熔断或电动机的接线是否有一相断开等
按下启动按钮后，可以实现星形接法启动，但无法转换为三角形接法运行	电路中的星-三角切换控制线路连接不正确；交流接触器 KM3 损坏；压线接触不良	可用万用表测量电路中的星-三角切换控制线路的接点是否导通，若不通，则应对其进行检查维修或更换电气元件
电动机不能停止转动	交流接触器的主触点烧焊；停止按钮不能断开；停止按钮被短接	检查交流接触器和停止按钮的触点及接线情况

2）故障设置与检修

（1）熟悉正常电路的工作情况。

（2）教师设置故障。

（3）教师进行示范检修。

（4）学生检修。

3）实训记录

根据电路的故障现象，对电路进行具体分析，填写表 1-25。

表 1-25　电路故障分析 3

故障现象	故障原因	排除故障的方法

三、知识拓展——自耦变压器降压启动电路

自耦变压器是只有一个绕组的变压器，低压线圈是高压线圈的一部分，有几个不同电压比的分接头可供选择。当其作为降压变压器使用时，从绕组中抽出一部分线匝作为二次绕组；当其作为升压变压器使用时，外部电压只加在绕组的一部分线匝上。

自耦变压器降压启动是指利用自耦变压器降低电动机定子绕组上的电压，以达到减小启动电流的目的。自耦变压器的高压侧接入电网，低压侧接至电动机，电动机启动后，将自耦变压器短接，使定子绕组上的电压变为额定电压，电动机全压运行。

自耦变压器降压启动电路如图 1-60 所示，其降压启动的工作原理如下。

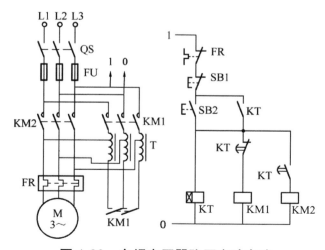

图 1-60　自耦变压器降压启动电路

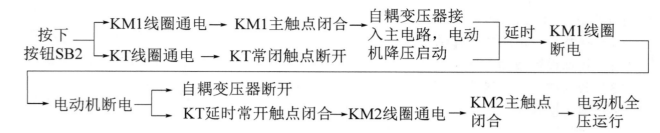

思考与练习

（1）什么是降压启动？电动机的降压启动方法通常有哪些？

（2）在自动切换的星-三角降压启动电路中，若时间继电器 KT 的线圈损坏，会出现什么情况？

（3）时间继电器按延时方式可分为哪几类？其各自的特点是什么？怎么应用？

任务六　电动机反接制动控制线路的安装接线与故障排除

任务描述

　　电动机切断电源后，有时由于惯性，要经过一段时间才能完全停止，而在生产中有时为了缩短时间，提高生产效率和加工精度，要求电动机立即停止。例如，X62W 型铣床的主轴电动机，由于在电路中采取了一定的措施，按下停止按钮后，主轴电动机很快就停止了。

　　这种采取一定措施使电动机迅速准确停止的过程称为电动机的制动。X62W 型铣床主轴电动机的停止方式就是制动停止。

　　图 1-61 所示为电动机反接制动控制线路。正常工作时，按下启动按钮 SB2，电动机启动运行，按下停止按钮 SB1 时，交流接触器 KM1 断电，而交流接触器 KM2 通电，使电动机立即制动停止。试分析图 1-61，根据控制要求选择相应的电气元件，完成电路的安装接线，并分析、排除有关故障。

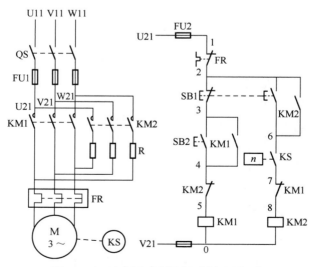

图 1-61　电动机反接制动控制线路

任务分析

　　电动机反接制动控制线路要完成的是对电动机的反接制动控制。电动机停止时，用速度继电器作为自动控制元件来实现电路的自动换接。本任务不仅要求掌握电动机的制动方法，还要求能正确使用速度继电器。

任务目标

- 了解反接制动的概念。
- 掌握速度继电器的用途、工作原理及使用方法。
- 掌握电动机反接制动的工作原理。
- 识读电气原理图，能正确选用电气元件，按图 1-61 完成电路的安装接线。
- 能根据故障现象，分析、排除电动机反接制动控制线路中的故障。
- 通过实践操作，引导学生弘扬劳动精神，培养其吃苦耐劳的作风、勇于探索的创新精神，增强其社会责任感。
- 通过规范操作，树立安全文明生产意识、标准意识，养成良好的职业素养，培养严谨的治学精神、精益求精的工匠精神。
- 通过小组合作完成实训任务，树立责任意识、团结合作意识，提高沟通表达能力、团队协作能力。

一、基础知识

1. 反接制动的概念

1）电动机的制动

　　电动机的制动就是给电动机一个与转动方向相反的转矩，使它迅速停止，如起重机吊钩的准确定位、X62W 型铣床主轴的迅速停转，都对电动机采用了制动。

　　电动机的制动方法分为机械制动和电气制动两大类。

　　机械制动是指在电动机断开电源后，利用机械装置迫使电动机迅速停止。

　　电气制动是指在电动机断开电源后，在其内部产生一个与原旋转方向相反的制动力矩，迫使电动机迅速停止。电动机常用的电气制动方法有反接制动、能耗制动等。

2）电动机的反接制动

　　反接制动是在电动机正常转动时，改变电动机三相电源的相序，使定子绕组产生的旋转磁场反向，在转子绕组上产生与转子旋转方向相反的制动转矩来使电动机迅速停止的一种制动方式。当转子的转速接近零时，应立即自动切断电动机的电源，否则，电动机将会反转。

　　反接制动的优点是制动力强、制动迅速；缺点是制动准确性差、制动过程中冲击强烈、易损坏传动零件、制动能量消耗大、不宜经常制动。因此，反接制动一般适用于要求制动迅速、系统惯性较大、不经常启动与制动的场合。

2. 电动机反接制动控制线路

1）速度继电器

电动机反接制动控制线路通常采用速度继电器来检测电动机的转速。速度继电器主要用于鼠笼型异步电动机的反接制动控制。

速度继电器的结构图与图形符号如图 1-62 所示，图 1-63 所示为几种常见的速度继电器。

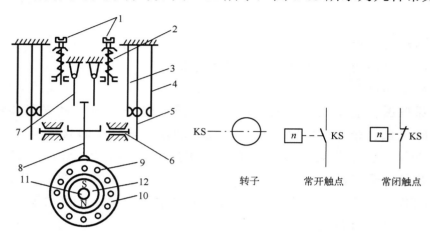

1—调节螺钉；2—反力弹簧；3、4、5—触点；6—推杆；7—返回推杆；

8—摆杆；9—笼形导条；10—圆环；11—转轴；12—转子。

图 1-62 速度继电器的结构图与图形符号

（a）内置传感器型速度继电器　　（b）一般速度继电器　　（c）JY1 型速度继电器

图 1-63 几种常见的速度继电器

速度继电器主要由转子、定子和触点三部分组成。转子是一个圆柱形永久磁铁，与电动机同轴连接，随着电动机的转动而转动。定子是一个笼形空芯圆环，由硅钢片叠成，并装有笼形绕组。当转子随电动机转动时，旋转磁场与定子绕组磁力线相切割，产生感应电动势及感应电流，定子随着转子的转动而转动。定子转动时带动推杆，推杆推动触点，使常开触点闭合，常闭触点断开。当电动机的转速低于某一数值时，定子产生的转矩减小，触点在反力弹簧作用下复位。一般速度继电器的动作转速为 120r/min 以下，触点复位转速为 100r/min 以下。

2）电动机反接制动控制线路的工作过程

电动机反接制动控制线路的工作过程如下。

电动机启动时：

按下启动按钮 SB2→KM1 线圈通电→主电路中 KM1 主触点闭合 ┐

└→电动机 M 与电源接通，开始运行

当电动机的转速升高时，控制线路中速度继电器 KS 的常开触点闭合，为反接制动做好准备。

电动机停止时：

按下停止按钮 SB1，其常闭触点断开，KM1 线圈断电，由于此时电动机仍高速转动，所以 KS 的常开触点仍然处于闭合状态，KM2 线圈通过以下电路接通：

$$SB1（2—6）→ KS（6—7）→ KM1（7—8）→ KM2线圈$$

KM2 线圈通电后，其主触点接通，电动机反接电源，开始进行反接制动，电动机的转速迅速下降。当电动机的转速接近零时，KS 的常开触点断开，KM2 线圈断电，主电路中的电动机断电，反接制动结束。

📖 边学边练

（1）速度继电器在控制线路中的作用是什么？
（2）若按下停止按钮，电动机不能很快停止，可能的原因有哪些？

二、任务实施

1. 器材准备

- 交流接触器 2 个，按钮 2 个，熔断器 2 组，刀开关 1 个，热继电器 1 个，速度继电器 1 个，电阻 3 只。
- 电动机 1 台。
- 常用电工工具 1 套，万用表 1 只。

2. 电路的安装接线

根据图 1-61 选择电气元件，并完成电路的安装接线及有关故障的分析、排除。

注意：需按照安全规范与技术要求操作。

1）选择并检测电气元件

根据图 1-61 选择所需的电气元件并对其进行检测，记录各电气元件的型号、规格、数量等，填写表 1-26。

表 1-26　电气元件记录表 4

符　号	元器件名称	型　号	额定电压/V	额定电流/A	数　量	检测情况
QS	刀开关					
FU	熔断器					
KM	交流接触器					
FR	热继电器					
SB	按钮					
KS	速度继电器					
M	电动机					

2）按步骤完成安装接线

（1）按图 1-61 布置电气元件并将其固定在接线板上。

（2）按图 1-61 完成接线。

（3）整理现场。

（4）通电前检查。

（5）通电试车。

（6）断电拆线。

3）实训记录

通电试车成功后，按以下步骤操作，记录实训现象，填写表 1-27。

表 1-27　实训现象 4

操　　作	现　　象		
	KM1	KM2	电 动 机
（1）按下启动按钮 SB2			
（2）按下停止按钮 SB1			
（3）松开停止按钮 SB1			

3. 常见故障的分析与排除

1）电路的常见故障分析

电动机反接制动控制线路中常见的故障如表 1-28 所示。

表 1-28　电动机反接制动控制线路中常见的故障

故 障 现 象	原　　因	排 除 方 法
接通电源或按下启动按钮后，熔断器熔体立即熔断	电路短路	仔细检查电路，查看是主电路还是控制线路发生故障，然后逐级检查，缩小故障范围
按下启动按钮 SB2 后，交流接触器不动作，电动机不能转动	电源输入异常；交流接触器的线圈没有通电	应先检查电源输入是否正常，若正常，则说明控制线路有故障，应先逐级检查控制线路，待控制线路中的故障被排除后，交流接触器通电动作，再观察电动机是否转动
按下停止按钮 SB1 后，电动机不能停止	可能是交流接触器的主触点烧焊，也可能是停止按钮被卡住不能断开或者被短接	检查交流接触器和停止按钮的触点及接线情况
按下停止按钮 SB1 后，电动机不能很快停止	电路没有接好或速度继电器有故障	先检查主电路中的反接制动部分，再检查控制线路中的速度继电器

2）故障设置与检修

（1）熟悉正常电路的工作情况。

（2）教师设置故障。

（3）教师进行示范检修。

（4）学生检修。

3）实训记录

根据电路的故障现象，对电路进行具体分析，填写表 1-29。

表 1-29　电路故障分析 4

故 障 现 象	故 障 原 因	排除故障的方法

📖 边学边练

（1）若按下停止按钮，电动机不能很快停止，可能的原因有哪些？怎样查出故障点？

（2）反接制动有一个最大的缺点，即当电动机的转速为零时，如果不及时撤除反向后的电源，电动机会反转，如何解决此问题？

三、知识拓展——其他制动控制线路

1. 电磁抱闸制动电路

通常将采用机械装置使电动机断开电源后迅速停止的制动方法称为机械制动。机械制动常用的方法是电磁抱闸制动和电磁离合器制动。

1）电磁抱闸断电制动控制线路

电磁抱闸断电制动控制线路如图 1-64 所示。闭合电源开关 QS，接通交流接触器 KM，电动机接通电源，同时电磁抱闸线圈 YB 通电，衔铁吸合，克服弹簧的拉力使制动器的闸瓦与闸轮分开，电动机正常转动。断开电源开关，电动机断电，同时电磁抱闸线圈 YB 断电，衔铁在弹簧拉力的作用下与铁芯分开，并使电磁抱闸的闸瓦紧紧抱住闸轮，电动机被制动而停止。在电路中，可采用转换开关、主令控制器、交流接触器等控制电动机的正反转，满足控制要求。转换开关的接线如图 1-65 所示。电磁抱闸断电制动在起重机械上广泛应用，如起重机、卷扬机等。其优点是能准确定位，可防止电动机突然断电时重物自行坠落而造成事故。

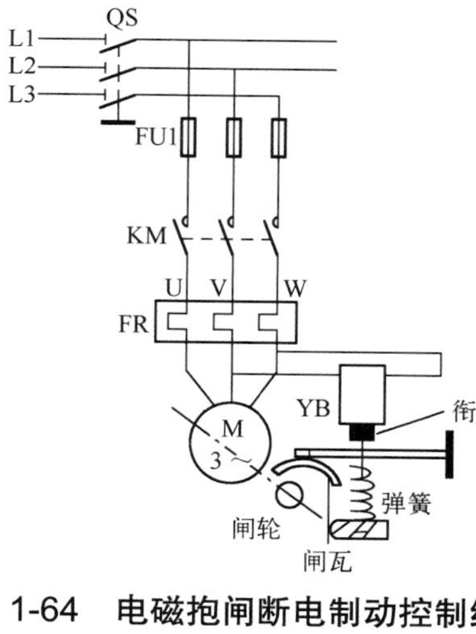

图 1-64　电磁抱闸断电制动控制线路

2）电磁抱闸通电制动控制线路

电磁抱闸断电制动时，其闸瓦紧紧抱住闸轮，想要手动调整是很困难的。因此，电动机制动后仍想调整工件相对位置的机床设备不能采用电磁抱闸断电制动，而应采用电磁抱闸通电制动，其控制线路如图 1-66 所示。当电动机通电转动时，电磁抱闸线圈无法通电，闸瓦与闸轮分开无制动作用；当电动机需停止时，按下停止按钮 SB2，SB2 的常闭触点先断开，KM1 线圈断电，KM1 主触点、辅助触点恢复断电状态，结束正常运行并为 KM2 线圈通电做好准备，经过一定的行程，SB2 的常开触点接通，KM2 主触点闭合，电磁抱闸线圈通电，使闸瓦紧紧抱住闸轮制动；当电动机处于停止状态时，电磁抱闸线圈断电，闸瓦与闸轮分开，操作人员可扳动主轴调整工件或对刀等。

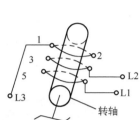

注：图 1-65 中 2、3、5 分别接图 1-64 中 U、V、W 端

图 1-65　转换开关的接线　　　　**图 1-66　电磁抱闸通电制动控制线路**

机械制动主要采用电磁抱闸、电磁离合器制动，两者都利用电磁线圈通电后产生磁场，使铁芯产生足够大的吸力吸合衔铁（电磁离合器的衔铁被吸合，动、静摩擦片分开），克服弹簧的拉力，进而满足工作现场的要求。电磁抱闸靠闸瓦的摩擦片制动闸轮，电磁离合器利用动、静摩擦片之间足够大的摩擦力使电动机断电后立即制动。

2. 能耗制动控制线路

能耗制动是在使转动的电动机脱离三相交流电源的同时，给定子绕组加上直流电源以产生一个静止磁场，利用转子感应电流与静止磁场的作用产生反向制动力矩而实现制动的。能耗制动时，制动力矩的大小与电动机的转速有关，电动机的转速越高，制动力矩越大，随着电动机转速的降低，制动力矩也减小，当电动机的转速为零时，制动力矩消失。

1）速度原则控制的能耗制动控制线路

图 1-67 所示为速度原则控制的能耗制动控制线路，其中 KM1 为交流电源的接触器，KM2 为直流电源的接触器，KS 为速度继电器，T 为变压器。

电路启动时的工作过程如下。

　　　按下 SB2→KM1 线圈通电→KM1 常开触点闭合，形成自锁→电动机启动

能耗制动时的工作过程如下。

按下SB1→ { SB1常开触点闭合→KM2线圈通电→ { KM2主触点闭合 / KM2常闭触点断开 / SB1常闭触点断开（KM1线圈断电）

→串入电阻R→电动机速度下降→KS常开触点断开→KM2线圈断电

→电动机停止（制动完毕）

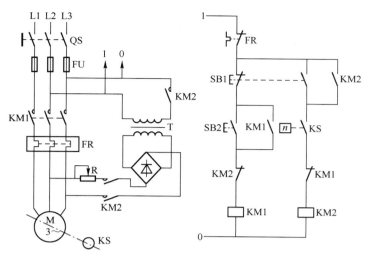

图 1-67　速度原则控制的能耗制动控制线路

2）时间原则控制的能耗制动控制线路

能耗制动还可用时间继电器代替速度继电器进行制动控制。

图 1-68 所示为时间原则控制的能耗制动控制线路，其中主电路在进行能耗制动时所需的直流电源由 4 个二极管组成的单相桥式整流电路通过 KM2 引入，交流电源与直流电源的切换由 KM1、KM2 来完成，制动时间由时间继电器 KT 决定。

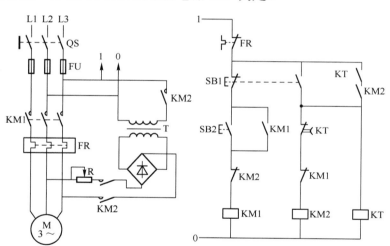

图 1-68　时间原则控制的能耗制动控制线路

电路启动时的工作过程如下。

　　按下 SB2→KM1 线圈通电→KM1 常开触点闭合，形成自锁→电动机启动

能耗制动时的工作过程如下。

按下SB1→ {
　SB1常开触点闭合→ {
　　KT线圈通电→KT瞬动触点闭合
　　KM2线圈通电→ {
　　　KM2主触点接通，制动电路
　　　KM2常闭互锁触点断开
　　}
　}
　SB1常闭触点断开（KM1线圈断电）
} 设定时间到

→KT常闭触点断开→电动机停止（制动完毕）

　　能耗制动的优点是制动准确、平稳、能量消耗少，但制动力较弱，低速时制动力矩小，而且需要整流设备，设备投资较高，主要用于容量较大的电动机制动或制动频繁的场合，以及要求制动准确、平稳的设备，如磨床、立式铣床等，不适用于紧急制动的场合。

思考与练习

（1）在图 1-61 中，若速度继电器 KS 损坏，会出现什么现象？

（2）反接制动与能耗制动各有什么优缺点？

（3）试分析图 1-69 所示控制线路的工作原理。

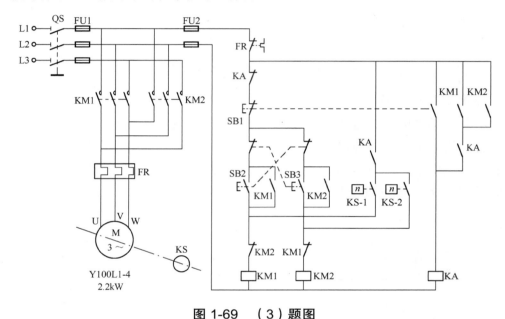

图 1-69　（3）题图

任务七　整台机床电气控制线路的故障检修

> **任务描述**

　　由于 X62W 型铣床的运动形式较多，其整台机床的电气控制线路看起来较为复杂，但无论机械设备的电气控制线路多么复杂，都是由一些基本控制环节组成的。对于不同的生产机械来说，其运动方式不同，对电气控制的要求也不同，因此其电气控制系统也不尽相同，但分析整台机床电气控制线路的方法是一致的。CA6140 型车床的运动形式较少，其电气控制线路也相对简单一些，因此从 CA6140 型车床的电气控制线路入手学习这种分析方法。

　　CA6140 型车床的运动形式主要有主轴和卡盘的旋转运动，刀架纵向和横向的进给运动，冷却泵的启停控制等，试分析 CA6140 型车床的电气控制线路，并对其常见的故障进行检修。

> **任务分析**

　　由于整台机床由多台电动机控制，因此电气控制环节比较多，应分别找出 CA6140 型车床中各台电动机的主电路及控制线路，分析电路的工作原理及其常见故障，从中学会如何对整台机床电气控制线路进行故障检修。

任务目标

- 了解 CA6140 型车床的结构组成和运动形式。
- 理解 CA6140 型车床对电气控制的要求。
- 了解各基本控制环节在 CA6140 型车床电气控制中的应用。
- 掌握阅读和分析整台机床电气控制线路的方法，提高读图能力。
- 能根据 CA6140 型车床的电气控制线路中常见的故障现象分析、排除故障。
- 培养综合分析应用能力，为电气控制线路的设计、安装、调试打下基础。
- 通过实践操作，引导学生弘扬劳动精神，培养其吃苦耐劳的作风、勇于探索的创新精神，增强其社会责任感。
- 通过规范操作，树立安全文明生产意识、标准意识，养成良好的职业素养，培养严谨的治学精神、精益求精的工匠精神。
- 通过小组合作完成实训任务，树立责任意识、团结合作意识，提高沟通表达能力、团队协作能力。

一、基础知识

1. CA6140 型车床的结构组成和运动形式

车床是机械加工业中应用最广泛的一种机床，在各种车床中，应用最广泛的就是普通车床。普通车床主要用于加工各种回转表面和端面，如内外圆柱面、圆锥面、成形回转面、端面、切槽、切断、钻孔、铰孔及各种内外螺纹等。在普通车床中，卧式车床的应用最广泛。CA6140 型车床就是一种应用广泛的普通卧式车床。

CA6140 型车床的结构先进、性能优越、操作方便，其主要组成部件有主轴箱、挂轮箱、进给箱、溜板箱、主轴和卡盘、溜板和刀架、尾架、光杠、丝杠、床身等，如图 1-70 所示。

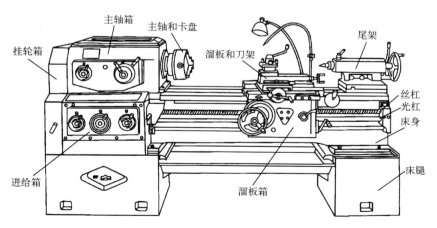

图 1-70　CA6140 型车床的结构图

CA6140 型车床的运动形式是由电气控制线路控制电动机运动来实现的。

2. CA6140 型车床对电气控制的要求

1）CA6140 型车床主运动的控制，即主轴和卡盘旋转运动的控制

CA6140 型车床通过主轴和卡盘的旋转运动带动工件旋转。为满足不同的加工需要，主轴的变速采用机械方式实现，通过调整主轴变速机构的操作手柄，使主轴获得不同的转速。加工螺纹时，需要主轴反转退刀，主轴的正反转由操作手柄通过双向摩擦离合器控制。主轴的制动采用机械制动。

2）刀架进给运动的控制，即刀架纵向和横向运动的控制

刀架的进给运动要求与主运动由同一台电动机来拖动，这是为了保证加工过程中工件的转速与刀架的移动速度之间形成严格的比例关系。进给运动由主轴箱的输出轴经挂轮箱传给进给箱，再经丝杠或光杠传给溜板箱，带动刀架运动。

刀架的快速移动由另一台电动机单独拖动，采用点动控制。

3）冷却泵的启停控制

冷却泵由一台单向旋转的电动机拖动。冷却液应在主轴启动之后提供，要求冷却泵电动机与主轴电动机存在顺序启动关系，即主轴电动机启动后冷却泵电动机才能启动，当主轴电动机停止时，冷却泵电动机应立即停止。

3. CA6140 型车床的电气控制线路

1）分析整台机床电气控制线路的方法

分析整台机床电气控制线路时，必须与其他技术资料结合起来，注意了解机床的主要结构、技术性能、运动形式，以及机床液压、气动系统的工作情况等，进而了解它们对电气控制的要求；了解各种电气元件的安装位置、作用，各操纵手柄、开关、按钮的作用及其操作方法，然后分析电气控制线路。

分析电气控制线路的基本方法是先分析主电路，再分析控制线路，最后分析照明、信号等辅助电路。

分析主电路时，应根据电动机控制元件的触点、电阻，以及其他检测元件、保护元件，分析电动机的启动、制动、正反转、调速、保护等控制和保护要求。

分析控制线路时，应根据主电路中的电动机控制元件和其他电气元件，在控制线路中找出相应的控制环节，按控制的先后顺序从左到右、从上到下依次进行分析。

对于较复杂的控制线路，可先"化整为零"，根据控制功能把控制线路分解成与主电路对应的各种基本控制环节，一一分析，然后"积零为整"，统观全局，把各个基本控制环节串起来，注意各个基本控制环节之间的联系，以及主电路与控制线路之间的对应关系。

2）电气原理图的图区与触点位置的索引

CA6140 型车床的电气控制线路如图 1-71 所示。

（1）电气原理图图区的划分。

对于较复杂的电路，为便于确定电气原理图的内容和组成部分在图中的位置，检索、阅读和分析电气原理图，常在图纸上进行分区。在图 1-71 中，下方的 1、2、3 等数字即为各图区的编号，上方与图区对应的"电源开关"等字样，表示对应图区的电气元件或电路的功能。

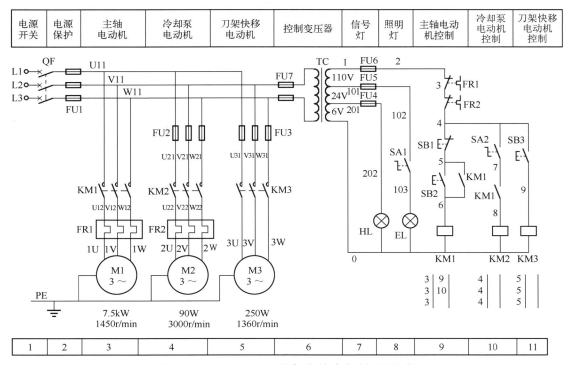

图 1-71　CA6140 型车床的电气控制线路

（2）继电器、接触器触点位置的索引。

电气原理图中，在继电器、接触器线圈的下方给出触点的文字符号，并在其下标注相应触点在图中位置的索引代号，索引代号用图区编号表示。对于未使用的触点，用"×"标注，也可以不标注。例如，在图 1-71 中，KM1 线圈下方的

	KM1	
3	9
3	10
3	

即为 KM1 相应触点的位置索引。

对于接触器，各栏的含义如下：

左　栏	中　栏	右　栏
主触点所在的图区编号	辅助常开触点所在的图区编号	辅助常闭触点所在的图区编号

对于继电器，各栏的含义如下：

左　栏	右　栏
辅助常开触点所在的图区编号	辅助常闭触点所在的图区编号

📖 边学边练

（1）在图 1-71 中，图区 7、8、9、10 和 11 对应的电路各具有什么功能？
（2）根据图 1-71 中 KM1、KM2 和 KM3 下方的触点位置索引判断各触点位置。

3）主电路

图 1-71 所示电路中共有 3 台电动机：主轴电动机 M1、冷却泵电动机 M2、刀架快移电动机 M3。从主电路中可以看出，3 台电动机采用的均是直接启动方式，没有反接制动、能耗制动等电气制动的要求，电动机均是单方向旋转，也没有速度调节的电路。因此，CA6140 型车床的电气控制比较简单，3 台电动机的控制元件与保护元件如表 1-30 所示。

表 1-30　3 台电动机的控制元件与保护元件

电 动 机	控 制 元 件	保 护 元 件		
		短 路 保 护	过 载 保 护	零压、欠电压保护
M1	KM1	FU1	FR1	KM1
M2	KM2	FU2	FR2	KM2
M3	KM3	FU3	无	KM3

4）控制线路

根据主电路的控制元件在控制线路中找出相应的控制环节，按控制的先后顺序分析。

（1）M1 的控制。

如图 1-72 所示，M1 的启停控制是由 KM1 线圈的通电、断电实现的，SB1、SB2 分别是启动按钮和停止按钮。

$$按下SB2 \rightarrow KM1线圈通电 \rightarrow \begin{cases} KM1主触点闭合 \rightarrow M1通电运行 \\ KM1常开触点（5—6）闭合，实现自锁 \\ KM1常开触点（7—8）闭合（为启动M2做准备） \end{cases}$$

按下SB1 → KM1线圈断电 → KM1主触点断开 → M1断电停止

（2）M2 的控制。

M2 的启停是由 SA2 控制 KM2 线圈的通电、断电实现的，如图 1-73 所示。由于 KM1 常开触点串联在 KM2 线圈的电路中，因此只有 KM1 线圈通电后，其常开触点闭合，KM2 线圈才能通电。因此，M2 的启动是在 M1 启动之后进行的。

M1 启动 → SA2 接通 → KM2 线圈通电 → KM2 主触点闭合 → M2 启动

（3）M3 的控制。

如图 1-74 所示，M3 的启停是由 SB3 控制 KM3 线圈的通电、断电来实现的，由于控制线路中的 KM3 没有自锁，所以对 M3 的控制是点动控制。

5）照明、信号电路

照明、信号电路如图 1-75 所示。

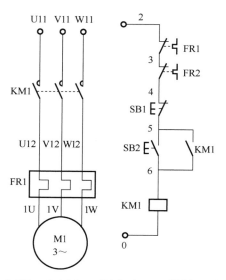

图 1-72　CA6140 型车床 M1 的控制线路

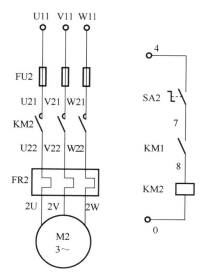

图 1-73　CA6140 型车床 M2 的控制线路

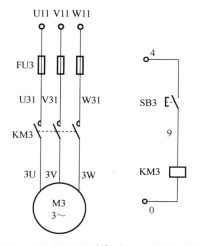

图 1-74　CA6140 型车床 M3 的控制线路

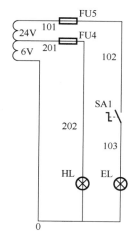

图 1-75　照明、信号电路

信号灯 HL 用于表示 CA6140 型车床是否已经开始工作，当电源开关接通后，HL 应该点亮。信号电路由控制变压器 TC 二次侧 6V 供电，短路保护元件是 FU4。

照明灯 EL 在使用 CA6140 型床时用于工作照明，由 TC 二次侧 24V 供电，开关 SA1 控制，FU5 用于短路保护。

📖 边学边练

（1）在 CA6140 型车床的电气控制线路中，M1、M2、M3 三台电动机各起什么作用？CA6140 型车床的电气控制线路由哪些基本控制环节组成？

（2）为什么 M1 和 M2 有过载保护，而 M3 没有过载保护？

4. 常见的故障

CA6140 型车床的电气控制线路中常见的故障如表 1-31 所示。

表 1-31　CA6140 型车床的电气控制线路中常见的故障

故 障 现 象	原　　因	排 除 方 法
接通电源或按下启动按钮后，熔断器的熔体立即熔断	电路短路	仔细检查电路，查看是主电路还是控制线路有故障，然后逐级检查，缩小故障范围
3 台电动机的交流接触器均不动作，电动机均不能转动	可能是控制线路中熔断器 FU6 断开，也可能是电动机过载使热继电器 FR1 或 FR2 动作	逐级检查控制线路，缩小故障范围
接通电源时，没有按下启动按钮而 M1 自行启动	启动按钮 SB1 被短接	检查控制线路中启动按钮 SB1 的触点及接线情况
M1 只能点动控制	KM1 自锁失灵，可能是触点接触不良或位置偏移、卡阻、连接导线松脱	检查自锁电路中 KM1 的自锁触点及接线情况，对 KM1 的触点进行修复、更换，或者接好导线
电动机发出异常声音且不能转动或转速很慢	电动机缺相运行，主电路中某一相电路开路	检查主电路是否存在接头松脱、交流接触器的某对主触点损坏、熔断器的熔体熔断或电动机的接线有一相断开等情况
M1 和 M2 不能转动，M3 正常转动	KM1 没有通电，M1 的控制线路有故障	检查 M1 的控制线路
M1 不能停止	可能是 KM1 的主触点烧焊，也可能是停止按钮被卡住不能断开或被短接	检查 KM1 和停止按钮的触点及接线情况，更换触点或调整接线
M3 不能转动	若 KM3 不动作，说明 KM3 线圈没有通电，则控制线路有故障；若 KM3 动作，说明 KM3 线圈已通电，控制线路完好，则主电路有故障	应先逐级检查控制线路或主电路，待故障排除后，再观察电动机是否转动
M2 不能转动	若 KM2 不动作，说明 KM2 线圈没有通电，则控制线路有故障；若 KM2 动作，说明 KM2 线圈已通电，控制线路完好，则主电路有故障	应先逐级检查控制线路或主电路，待故障排除后，再观察电动机是否转动
3 台电动机均不能转动，信号灯和照明灯不亮	控制线路和信号电路没有接通电源	检查控制变压器输入端和输出端是否正常，熔断器 FU1 的熔体是否熔断
照明灯不亮	照明电路有故障	检查照明电路是否存在接头松脱、熔断器的熔体熔断或开关 SA2 损坏等情况
信号灯不亮	信号电路有故障	检查信号电路是否存在接头松脱或熔断器的熔体熔断等情况

📖 边学边练

（1）若 CA6140 型车床的 M1 只能点动控制，试分析其故障原因。

（2）若操作 CA6140 型车床的启动按钮 SB2，车床没有任何反应，试分析故障原因。

（3）若 CA6140 型车床的 M1 正常工作，而 M2 不能转动，试分析故障原因并排除故障。

二、任务实施

1. 器材准备

• CA6140 型车床模拟电气控制柜 1 台。

- 常用电工工具 1 套。
- 万用表 1 只。

2. CA6140 型车床电气控制线路的故障排除

1）熟悉正常的工作情况

启动 CA6140 型车床各处的开关或按钮，观察 CA6140 型车床的动作，熟悉 CA6140 型车床正常的工作情况。

（1）根据图 1-71 在实训装置中找到对应的电气元件，明确接线关系。

（2）将实训装置接通电源，实施操作，观察 CA6140 型车床正常的工作现象，并填写表 1-32。

表 1-32　CA6140 型车床正常的工作现象

操　作	现　象	
	对应的交流接触器	对应的电动机
（1）按下 SB2		
（2）按下 SB1		
（3）接通 SA2		
（4）按下 SB3		
（5）松开 SB3		

2）故障设置

教师设置故障或同学之间相互设置故障，一次设置 1～2 个故障点。设置完成后，再次操作 CA6140 型车床，观察 CA6140 型车床的工作现象，然后断开电源。

3）检修故障

根据故障现象，结合 CA6140 车床的电气控制线路，从原理上分析产生故障的可能原因，列出可能的故障点，并在 CA6140 型车床的电气控制线路中用虚线标出最小故障范围。逐步测试电路，查找故障，然后排除。在检修过程中，要规范使用电工工具及万用表，若需带电检查，必须有教师在现场监护。

4）实训记录

实训完成后，整理实训资料，填写 1-33，并把实训仪器及设备上交给教师。

表 1-33　电路故障分析 5

故 障 现 象	故 障 原 因	排除故障的方法

📖 边学边练

（1）断开 CA6140 型车床的电气控制线路中与 SB2 并联的 KM1 常开触点，按下 SB2 然后松开，观察交流接触器和电动机的动作，与 CA6140 型车床正常工作时相比，有什么不同？其原因是什么？

（2）若按下 SB3，M3 不转动，可能的原因有哪些？怎样查出故障点？

思考与练习

（1）试分析 M2 与 M1 的顺序启停过程。

（2）如果 CA6140 型车床的 M1 不能启动，试分析故障原因，说出排除方法。

（3）如果 CA6140 型车床的 M1 和 M2 能正常工作，而 M3 不能转动，试分析故障原因，说出排除方法。

任务八　X62W 型铣床电气控制线路的安装接线与故障排除

任务描述

X62W 型铣床通过电气控制系统可以实现主轴的旋转运动，工作台左、右、前、后、上、下 6 个方向的移动，圆工作台运动，冷却液供给等。X62W 型铣床电气控制线路与机械系统的配合十分密切，其正常工作往往与机械系统的正常工作是分不开的，正确判断故障类型，熟悉机电部分的配合情况是迅速排除故障的关键。试分析 X62W 型铣床电气控制线路，并对电路中常见的故障进行分析并排除。

任务分析

熟悉 X62W 型铣床电气控制线路的工作原理、有关机械系统的工作原理及 X62W 型铣床的操作方法。根据 X62W 型铣床实训装置熟悉其控制面板，认真分析 X62W 型铣床电气控制线路，强化对熔断器、接触器、热继电器、变压器等电气元件的认识，根据指示灯、电动机转动情况、电气元件动作情况分析电路故障，并进行排除。

任务目标

- 了解 X62W 型铣床的主要结构和运动形式。
- 了解基本控制环节在 X62W 型铣床电气控制中的应用。
- 掌握分析 X62W 型铣床电气控制线路的方法，提高读图能力。
- 能根据 X62W 型铣床的常见故障现象分析并排除故障。
- 能综合运用电气控制知识，分析、解决电气控制线路中常见的问题。

- 通过实践操作，引导学生弘扬劳动精神，培养其吃苦耐劳的作风、勇于探索的创新精神，增强其社会责任感。
- 通过规范操作，树立安全文明生产意识、标准意识，养成良好的职业素养，培养严谨的治学精神、精益求精的工匠精神。
- 通过小组合作完成实训任务，树立责任意识、团结合作意识，提高沟通表达能力、团队协作能力。

一、基础知识

1. X62W 型铣床的控制要求

1) X62W 型铣床的主要结构及运动形式

X62W 型铣床主要由底座、床身、悬梁、刀杆、工作台、溜板箱和升降台等部分组成。

X62W 型铣床的运动形式包括两部分：主轴转动和工作台的移动。主轴转动由主轴电动机通过弹性联轴器驱动传动机构实现，当传动机构中的一个双联滑动齿轮块啮合时，主轴即可旋转；工作台的移动由进给电动机驱动，它通过机械机构使工作台进行运动。工作台能直接在溜板上部的导轨上进行纵向（左、右）运动，借助横溜板进行横向（前、后）运动，借助升降台进行垂直（上、下）运动，另外还可实现圆工作台的运动。

2) X62W 型铣床对电气控制的主要要求

(1) X62W 型铣床主要由 3 台电动机控制，分别为主轴电动机、进给电动机和冷却泵电动机。

(2) 由于加工时有顺铣和逆铣两种方式，所以要求主轴电动机能正反转及在变速时能瞬时冲动，以利于齿轮的啮合，并要求能制动停止和实现两地控制。

(3) 工作台的 3 种运动形式（6 个方向上的运动）是依靠机械方法来实现的，要求进给电动机能正反转，且纵向、横向、垂直 3 种运动形式间应有联锁，以确保操作安全。另外，要求工作台进给变速时进给电动机能瞬时冲动，实现工作台在各方向上的快速移动。

(4) 冷却泵电动机只要求单方向转动。

(5) 进给电动机与主轴电动机需实现联锁控制，即主轴工作后才能进行进给。

2. X62W 型铣床电气控制线路

如图 1-76 所示，X62W 型铣床电气控制线路由主电路、控制线路和照明电路三部分组成。

1) 主电路

主电路中共有 3 台电动机，即主轴电动机 M1、进给电动机 M2 和冷却泵电动机 M3，其中的控制元件与保护元件如表 1-34 所示。

(1) M1 为主轴电动机，由换向开关 SA5 与交流接触器 KM1 配合进行其正反转控制。交流接触器 KM2 的主触点串联两只电阻，与速度继电器配合后可实现 M1 的反接制动，还可以进行变速冲动控制。

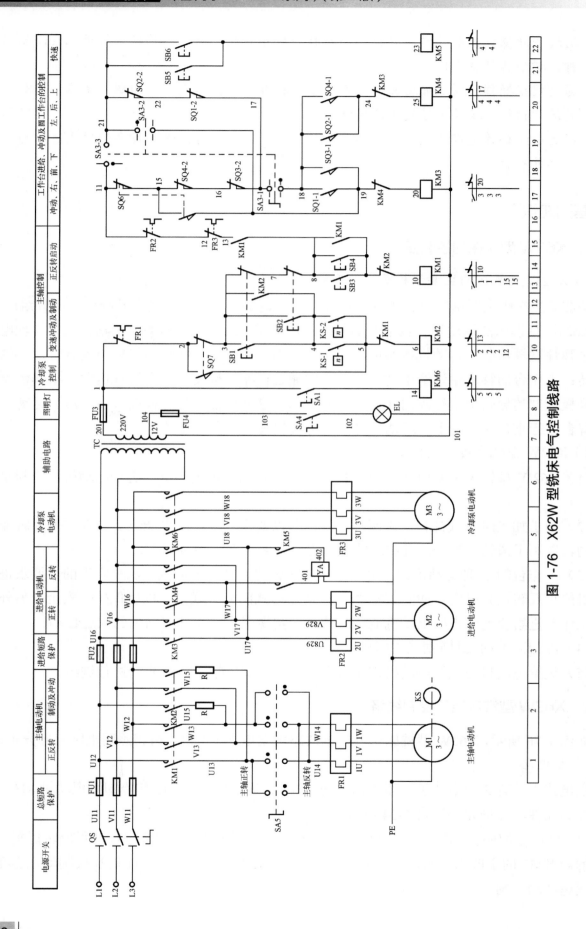

图 1-76　X62W 型铣床电气控制线路

表 1-34 主电路中的控制元件与保护元件

电 动 机	控 制 元 件		保 护 元 件	
	名 称	作 用	短 路 保 护	过 载 保 护
M1	KM1	正常运行	FU1	FR1
	KM2	反接制动		
M2	KM3	正转控制	FU2	FR2
	KM4	反转控制		
M3	KM6	正常运行	FU2	FR3

（2）M2 为进给电动机，由交流接触器 KM3、KM4 分别进行其正反转控制，控制 6 个方向上和工作台的进给运动，其通过与行程开关、交流接触器 KM5、牵引电磁铁 YA 的配合，能实现进给变速时的瞬时冲动和快速进给控制。

（3）M3 为冷却泵电动机，由交流接触器 KM6 控制。

2）控制线路

（1）M1 的控制。

SB1、SB2 和 SB3、SB4 是分别安装在 X62W 型铣床两边的停止（制动）按钮和启动按钮，实现两地控制，方便操作。

M1 启动时，需先将 SA5 扳到 M1 所需的旋转方向，然后按下 SB3 或 SB4。启动 M1 的过程如下。

按下 SB3 或 SB4 → KM1 线圈通电 ┬→ KM1 主触点闭合 → M1 启动
　　　　　　　　　　　　　　　　└→ KM1 辅助触点（8—9）自锁

启动 M1 时，控制线路的通路为 1—2—3—7—8—9—10。

停止 M1 时，进行反接制动（速度继电器 KS 正向触点或反向触点已闭合）的过程如下。

按下 SB1 或 SB2 ┬→ KM1 线圈断电 → M1 脱离电源
　　　　　　　　　└→ KM2 线圈通电自锁 → M1 定子绕组接入反向电源，进行反接制动 ─┐

电动机转速迅速接近零 ─→ KS 触点断开 → KM2 线圈断电，反接制动结束

反接制动时，控制线路的通路为 1—2—3—4—5—6。

（2）主轴变速时的冲动控制。

主轴变速时的冲动控制是利用变速手柄与变速瞬动开关 SQ7 通过机械上的联动机构实现的。

主轴变速时先将变速手柄拉出，旋转变速盘，选择好速度后再将变速手柄快速推回原位。在此过程中，变速瞬动开关 SQ7 将动作一次，使 KM1 线圈断电，KM2 线圈通电，使 M1 反向瞬时冲动一下，以利于变速后的齿轮啮合。

但要注意，无论是启动还是停止时都应以较快的速度把变速手柄推回原位，以免通电时间过长，造成 M1 转速过高而打坏齿轮。

（3）M2 的控制。

工作台的纵向、横向和垂直进给都由 M2 驱动，KM3 和 KM4 使 M2 实现正反转，用以

改变进给方向。它的控制线路采用了与纵向进给机械操作手柄联动的行程开关 SQ1、SQ2 和与横向及垂直进给机械操作手柄联动的行程开关 SQ3、SQ4，组成复合联锁控制。工作台通过纵向操作手柄和十字操作手柄两个操作手柄来选择进给方向，当这两个操作手柄都处在中间位置时，各行程开关都处于未受压的初始状态。

由图 1-76 可知，M2 的控制线路中串入了 KM1 的自锁触点，只有 M1 启动后，工作台才能进行进给运动。

SA3 是用于控制圆工作台的转换开关，当使用圆工作台时，SA3-2 接通，SA3-1 和 SA3-3 断开；当使用普通工作台时，SA3-1 和 SA3-3 接通，SA3-2 断开。SA3 触点的状态如表 1-35 所示。

表 1-35　SA3 触点的状态

触　点	状　态	
	圆 工 作 台	普通工作台
SA3-1	−	+
SA3-2	+	−
SA3-3	−	+

注：+表示接通；−表示断开。

① 工作台纵向（左右）进给的控制。

纵向操作手柄有右、中、左 3 个位置，其控制关系如表 1-36 所示。当纵向操作手柄被扳向右时，通过其联动机构将纵向进给离合器挂上，同时 SQ1 受压动作；当纵向操作手柄被扳向左时，SQ2 受压动作。工作台纵向进给的行程可通过调整安装在工作台两端的挡铁位置来实现。当工作台纵向进给到极限位置时，挡铁撞击纵向操作手柄使它回到中位，M2 停止转动，工作台停止进给，从而实现了纵向终端保护。

表 1-36　工作台纵向操作手柄的位置及其控制关系

位　　置	行程开关动作	交流接触器动作	M2 转向	传动链搭合丝杠	工作台进给方向
右	SQ1	KM3	正转	左右进给丝杠	向右
中			停止		停止
左	SQ2	KM4	反转	左右进给丝杠	向左

（a）工作台向左进给。

在 M1 启动后，将纵向操作手柄扳至左，其一方面机械接通纵向进给离合器，另一方面压下 SQ2，使 SQ2-2 断开，SQ2-1 接通，而其他控制进给的行程开关都处于初始位置，此时使 KM4 线圈通电，M2 反转，工作台向左进给。

KM4 线圈通电的电流通路为

　　SQ6（11—15）→ SQ4-2（15—16）→ SQ3-2（16—17）→ SA3-1（17—18）
　　└→ SQ2-1（18—24）→KM3（24—25）→ KM4线圈

（b）工作台向右进给。

当纵向操作手柄被扳至右时，机械上仍然接通纵向进给离合器，但却压下了 SQ1，使 SQ1-2

断开，SQ1-1 接通，KM3 线圈通电，M2 正转，工作台向右进给。

KM3 线圈通电的电流通路为

SQ6（11—15）→ SQ4-2（15—16）→ SQ3-2（16—17）→ SA3-1（17—18）┐

└→SQ1-1（18—19）→ KM4（19—20）→ KM3线圈

② 工作台垂直（上下）和横向（前后）进给的控制。

工作台的垂直和横向进给是由一个十字操作手柄控制的。该操作手柄与行程开关 SQ3 和 SQ4 联动，有上、下、前、后、中 5 个位置，其控制关系如表 1-37 所示。

表 1-37　十字操作手柄的位置及控制关系

位　置	行程开关动作	交流接触器动作	M2 转向	传动链搭合丝杠	工作台进给方向
上	SQ4	KM4	反转	上下进给丝杠	向上
下	SQ3	KM3	正转	上下进给丝杠	向下
中			停止		停止
前	SQ3	KM3	正转	前后进给丝杠	向前
后	SQ4	KM4	反转	前后进给丝杠	向后

工作台垂直和横向进给的终端保护是通过装在床身导轨旁与工作台座上的挡铁将十字操作手柄撞到中间位置，使 M2 断电停止转动实现的。

（a）工作台向前（或向下）进给的控制。

当十字操作手柄被扳至前（或下）时，机械上接通横向进给（或垂直进给）离合器，同时压下 SQ3，使 SQ3-2 断开，SQ3-1 接通，KM3 线圈通电，M2 正转，工作台向前（或向下）运动。

KM3 线圈通电的电流通路为

SA3-3（11—21）→ SQ2-2（21—22）→ SQ1-2（22—17）→ SA3-1（17—18）┐

└→SQ3-1（18—19）→ KM4（19—20）→ KM3线圈

（b）工作台向后（或向上）进给的控制。

当十字操作手柄被扳至后（或上）时，机械上接通横向进给（或垂直进给）离合器，同时压下 SQ4，使 SQ4-2 断开，SQ4-1 接通，KM4 线圈通电，M2 反转，工作台向后（或向上）进给。

KM4 线圈通电的电流通路为

SA3-3（11—21）→ SQ2-2（21—22）→ SQ1-2（22—17）→ SA3-1（17—18）┐

└→SQ4-1（18—24）→ KM3（24—25）→KM4 线圈

③ 进给变速时的冲动控制。

进给变速时，为了使齿轮易于啮合，进给变速与主轴变速一样设有变速冲动环节。SQ6 为进给变速的瞬动开关，使 KM3 瞬时吸合，M2 进行正向瞬动。

KM3 线圈短时通电的电流通路为

$SA3-3（11—21）\rightarrow SQ2-2（21—22）\rightarrow SQ1-2（22—17）\rightarrow SQ3-2（17—16）\rightarrow$

$\rightarrow SQ4-2（16—15）\rightarrow SQ6（15—19）\rightarrow KM4（19—20）\rightarrow KM3$ 线圈

由于进给变速冲动的通电回路要经过 SQ1～SQ4 四个行程开关的常闭触点，因此只有当控制进给运动的操作手柄都在中间（停止）位置时才能实现进给变速冲动控制，以保证操作的安全。此外，进给变速冲动控制与主轴变速冲动控制一样，电动机的通电时间不能太长，以防止转速过高，在变速时损坏齿轮。

（4）工作台的快速进给控制。

为了提高劳动生产率，要求铣床在不进行铣切加工时，工作台能快速进给。

工作台快速进给也是由 M2 来驱动的，在纵向、横向和垂直 3 种运动形式 6 个方向上都可以实现快速进给控制。

M1 启动后，将十字操作手柄扳至所需位置，工作台按照选定的速度和方向进行常速进给运动时再按下快速进给按钮 SB5（或 SB6），使 KM5 通电吸合，接通牵引电磁铁 YA，牵引电磁铁通过杠杆使摩擦离合器闭合，减少中间传动装置，使工作台按运动方向做快速进给运动。当松开快速进给按钮时，牵引电磁铁断电，摩擦离合器断开，快速进给运动停止，工作台仍按原常速进给时的速度继续运动。

（5）圆工作台运动的控制。

当圆工作台工作时，应先将十字操作手柄扳到中间（停止）位置，然后将圆工作台转换开关 SA3 扳到接通圆工作台的位置。此时 SA3-1 断开，SA3-3 断开，SA3-2 接通。准备就绪后，按下 SB3 或 SB4，KM1 与 KM3 相继通电，M1 与 M2 相继启动并转动，而 M2 仅正向带动圆工作台做定向回转运动。

圆工作台工作时的电流通路为

$SQ6（11—15）\rightarrow SQ4-2（15—16）\rightarrow SQ3-2（16—17）\rightarrow SQ1-2（17—22）\rightarrow$

$\rightarrow SQ2-2（22—21）\rightarrow SA3-2（21—19）\rightarrow KM4（19—20）\rightarrow KM3$ 线圈

（6）M3 的控制。

旋转转换开关 SA1 可以直接控制 M3 的启停。

3）辅助电路

X62W 型铣床的照明灯 EL 由控制变压器 TC 供给 12V 安全电压，由 SA4 控制其开关，由熔断器 FU4 实现电路的短路保护。

📖 边学边练

（1）X62W 型铣床是如何实现两地控制的？
（2）分析工作台向左运动时，X62W 型铣床电气控制线路的工作原理。

3. 常见故障分析

X62W 型铣床电气控制线路中常见的故障如下。

（1）M1 不能启动。

（2）M1 发出异常声音且不能转动或转速很慢。

（3）M1 只能点动控制。

上述 3 种故障可参考前文中的方法进行分析。

（4）主轴停车时无制动。

主轴是采用速度继电器进行反接制动的，反接制动时 KM2 线圈通电。首先检查按下 SB1 或 SB2 后 KM2 是否吸合，若 KM2 不吸合，则故障点位于控制线路，检查时可先操作变速手柄，若有冲动，则故障范围可缩小到速度继电器和按钮支路上；若 KM2 吸合，则可能是主电路的 KM2 主触点和 R 制动支路中存在故障，完全没有制动作用，也可能是速度继电器 KS 的常开触点过早断开，使制动效果不明显。

（5）工作台能向前、后、上、下进给，不能向左、右进给。

工作台能向前、后、上、下进给，说明 KM3 线圈及 KM4 线圈能正常工作，说明 M2、主电路、KM3、KM4 及与纵向进给相关的公共支路都正常；不能向左、右进给，说明故障点应位于以下电路：

SQ6（11—15）→ SQ4-2（15—16）→ SQ3-2（16—17）→ SA3-1（17—18）

依次检查上述电路涉及的电气元件，直至找到故障点并予以排除。

（6）工作台能向左、右进给，不能向前、后、上、下进给。

工作台能向左、右进给，说明 KM3 线圈及 KM4 线圈能正常工作；不能向前、后、上、下进给，说明故障点应位于前、后、上、下电路的共用通路上：

SA3-3（11—21）→ SQ2-2（21—22）→ SQ1-2（22—17）→ SA3-1（17—18）

（7）工作台各个方向都不能进给。

M1 启动后工作台才能进给，若工作台不能进给，则可先进行进给变速冲动或圆工作台控制，如果正常，那么故障可能在开关 SA3-1 及其连线上；若进给变速冲动或圆工作台也不能工作，则要注意 KM3 是否动作，如果 KM3 不能动作，那么可能是 KM1 自锁触点与 KM3 线圈、KM4 线圈之间的控制线路有故障；如果 KM3 能动作，那么说明 M2 主电路有故障，应检查 M2 的接线及绕组。

（8）工作台不能快速进给。

常见的故障原因是牵引电磁铁电路不通，多数是由接头脱落、线圈损坏或机械卡死引起的。若按下 SB5 或 SB6 后 KM5 不吸合，则故障点位于控制线路，若 KM5 能吸合，而牵引电磁铁不能吸合，则可能是由牵引电磁铁接头脱落、线圈损坏等引起的；若牵引电磁铁吸合正常，则故障原因大多是杠杆卡死或摩擦离合器摩擦片间隙调整不当。需强调的是，在检查 11—15—16—17 支路和 11—21—22—17 支路时，一定要把 SA3 扳到中间位置，否则由于这两条支路是并联的，将检查不出故障点。

二、任务实施

1. 器材准备

- X62W 型铣床模拟电气控制柜 1 台。
- 常用电工工具 1 套。
- 万用表 1 只。

2. X62W 型铣床电气控制线路的故障排除

1）熟悉正常电路的工作情况

（1）根据 X62W 型铣床电气控制线路在实训装置中找到对应的电气元件，明确接线关系。

（2）将实训装置接通电源，正确操作，观察正常工作现象，并填写表 1-38。

表 1-38　X62W 型铣床电气控制线路的正常工作现象

操　　作	现　　象		
	控制开关	对应的交流接触器	对应的电动机
（1）主轴启动			
（2）主轴正转			
（3）主轴反转			
（4）主轴停止			
（5）圆工作台运动			
（6）快速进给			
（7）冷却泵启动			
（8）普通工作台（前、下）进给			
（9）普通工作台（后、上）进给			
（10）普通工作台（左、右）进给			

2）故障设置

教师设置故障或同学之间互相设置故障，一次设置 1～2 个故障点。设置完成后再次操作 X62W 型铣床，观察 X62W 型铣床的工作现象，然后断开电源。

3）检修故障

根据故障现象，结合 X62W 型铣床电气控制线路，从原理上分析产生故障的可能原因，列出可能的故障点，并在 X62W 型铣床电气控制线路中用虚线标出最小故障范围，逐步测试电路查找故障，然后将其排除。

注意：电工工具及万用表的使用要安全、正确，若需带电检查，必须有教师在现场监护。在检修过程中，教师可给予启发性的指导意见。

4）记录整理

实训完成后，整理实训资料，填写表 1-39，并把实训仪器及设备上交给教师。

表 1-39　电路故障分析 6

故 障 现 象	故 障 原 因	排除故障的方法

📖 **边学边练**

（1）若按下 SB1 时 M1 无制动，按下 SB2 时 M1 制动正常，观察交流接触器和电动机的动作，逐步排除故障。

（2）若按下 SB1 或 SB2 后，M1 不停止，可能的原因有哪些？怎样查出故障点？

思考与练习

（1）在 X62W 型铣床电气控制线路中，M1、M2、M3 三台电动机各起什么作用？它们由哪些控制环节组成？

（2）X62W 型铣床电气控制线路中设置主轴变速冲动控制及进给变速冲动控制的作用是什么？

（3）如果工作台不能快速进给，应该怎样排除故障？

（4）当圆工作台进行加工作业时，电路中有关电气元件应处于什么状态？

项目 2

物料分拣设备 PLC 控制系统的安装与调试

 项目介绍

1. 物料分拣设备的功能

物料分拣设备由机械手和传送带组成,其用于分拣工作台上金属和塑料两种材质的工件,如图 2-1 所示。机械手把工件从工作台上某处抓起来送到传送带上,然后由传送带把工件传送到适当的位置进行分拣。

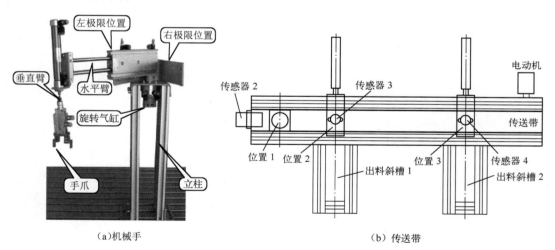

（a）机械手   （b）传送带

图 2-1　物料分拣设备

2. 机械手和传送带的动作

物料分拣设备上电时进入初始待机状态。机械手的水平臂缩回至左极限位置,垂直臂缩回至上极限位置,手爪松开。此时原位(红色)指示灯 EL1 长亮,作为初始位置指示。传送带的电动机不转动。只有上述部件在初始位置时,物料分拣设备才能启动。若上述部件不在初始位置,则原位指示灯 EL1 以亮 0.2s、灭 0.2s 的方式快速闪亮;按下复位按钮 SB3,各部件回到初始位置后,原位指示灯 EL1 变为长亮。

1）机械手的动作

按下启动按钮 SB1，物料分拣设备启动，原位指示灯 EL1 熄灭，绿色指示灯 EL2 亮，表示物料分拣设备处于正常工作状态。一旦工作台上的光电传感器 1（图 2-1 中不显示）检测到工作台上有工件放入，机械手开始动作，将工件从工作台上抓起，放到传送带上位置 1 处，然后回到初始位置，其动作顺序如下：

垂直臂下降→手爪夹紧工件 3s→垂直臂上升→水平臂右转→垂直臂下降→手爪松开工件 2s→垂直臂上升→水平臂左转，回到初始位置后，再次循环运行。若在工作过程中按下停止按钮 SB2，则机械手先把工件放到传送带上，再返回初始位置停止。

机械手各方向的极限位置分别用磁性位置开关来检测，下极限位置用 SQ1，上极限位置用 SQ2，右极限位置用 SQ3，左极限位置用 SQ4，手爪夹紧开关用 SQ5（手爪夹紧，其触点接通；手爪松开，其触点断开）。

2）传送带的动作

传送带上设置 3 个传感器，用于检测工件。传感器 2 为光电传感器，用于检测传送带上有无工件；传感器 3 为电感式传感器，用于检测金属工件；传感器 4 为电容式传感器，用于检测塑料工件。

当工件放在位置 1 时，传感器 2 检测到传送带上有工件，电动机启动，传送带开始由左向右运行；无工件时，停止运行。

工件到达位置 2，若被检测工件为金属工件，则将其分拣到出料斜槽 1 中；若不是金属工件而是塑料工件，则将其传送到位置 3，分拣到出料斜槽 2 中。

如果分拣出的金属工件达到 6 个，物料分拣设备进行打包处理 5s，即所有传感器检测无效，不再进行分拣动作，之后自动进入下一个周期。

在分拣过程中，当检测到连续出现 2 个塑料工件时，物料分拣设备停机报警，即物料分拣设备停止工作，原位指示灯 EL1 闪烁，物料分拣设备不能进行检测和分拣。此时按下停止按钮 SB2，原位指示灯不再闪烁，物料分拣设备回到初始待机状态。

若在分拣过程中按下停止按钮 SB2，则物料分拣设备停止工作，恢复到初始待机状态，原位指示灯 EL1 长亮，绿色指示灯 EL2 熄灭。

3. 项目任务

分析机械手和传送带的动作，采用适当的 PLC 控制指令，设计物料分拣设备的 PLC 控制程序并完成安装调试。

注意：若没有物料分拣设备，则每个任务都可在 PLC 实训装置上进行模拟，此处不考虑气动回路。

任务一 初识 PLC 控制系统

任务描述

物料分拣设备能够自动完成不同材质的工件传送和分拣。该设备的动作复杂，使用灵活，可以根据需要随时修改其功能。用继电器-接触器控制系统很难完成上述复杂动作，固定接线不能满足灵活修改的要求。

PLC 是 20 世纪 60 年代末出现的一种以微处理器为核心、用软件实现各种控制功能的新型工业控制器，它克服了继电器-接触器控制系统占地面积大、能耗高、可靠性差、灵活性差等缺点，可通过编制程序实现工业控制，具有简单易学、通用性强、程序可变、可靠性高、使用及维护方便等优点。自 PLC 出现后，其使用日益广泛，目前已在很多场合取代了继电器-接触器控制系统。

观察机电设备，找出 PLC，了解其结构组成、工作原理和作用。根据提供的 PLC 控制程序，在接线板上安装用 PLC 实现的电动机正反转控制线路并调试运行。

任务分析

了解 PLC 的结构组成、工作原理和作用；认识 PLC 的外部结构，正确对 PLC 进行接线；使用 PLC 的编程软件进行编程，并调试运行程序。

任务目标

- 了解 PLC 的概念及结构组成。
- 了解 PLC 的工作原理。
- 了解 PLC 的外部结构及接线。
- 了解 PLC 的编程语言。
- 熟悉西门子 S7-1200 PLC 的 TIA 博途编程软件。
- 通过对 PLC 产生与发展趋势的分析，提升社会责任感和历史使命感，增强爱国情怀。
- 通过规范操作，树立安全文明生产意识、标准意识，养成良好的职业素养，培养严谨的治学精神、精益求精的工匠精神。
- 通过小组合作完成实训任务，树立责任意识、团结合作意识，提高沟通表达能力、团队协作能力。

一、基础知识

早期的 PLC 称为可编程逻辑控制器，它采用一类可编程的存储器，用于存储其内部程序，实现逻辑运算、顺序控制、定时、计数等功能。随着计算机技术的发展，这种控制装置的功能远远超出了逻辑控制的范围，增加了数值运算、模拟量处理、通信等功能，成为可编程控制器，即 PLC。

1. PLC 的结构组成

PLC 的硬件电路由 CPU（Central Processing Unit，中央处理器）、存储器、I/O 接口电路、外设通信接口电路、电源等组成。图 2-2 所示为 PLC 结构示意图。

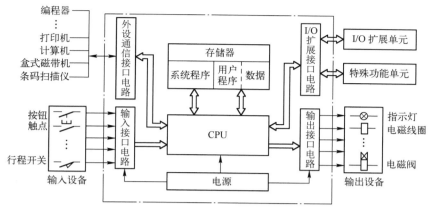

图 2-2　PLC 结构示意图

1）CPU

CPU 是 PLC 的控制中枢，它的作用是从存储器中读取指令、执行指令、取下一条指令、处理中断等。CPU 通过数据总线（Data Bus）、地址总线（Address Bus）和控制总线（Control Bus）与 I/O 接口电路、存储器连接。

2）存储器

存储器主要用于存储系统程序、用户程序和工作数据。PLC 常用的存储器类型有随机存储器 RAM、只读存储器 ROM、可擦可编程只读存储器 EPROM、电擦除可编程只读存储器 EEPROM 等。

存储器分为三类：存储系统程序的存储器称为系统程序存储器，存储器类型为 EPROM；存储用户程序的存储器称为用户程序存储器，存储器类型为 RAM，掉电时用户程序保存在 EEPROM 或由高能电池支持的 RAM 中；存储工作数据的存储器称为数据存储器，存放器类型为 RAM。

3）I/O 接口电路

（1）输入接口电路。

PLC 的输入接口电路用于接收各种外部信号，将其转换成 CPU 能够识别的信号，并存入输入继电器。外部信号包括开关量信号（限位开关、操作按钮、行程开关、传感器等的输出）、模拟量信号（电位器、热电偶等的输出）。图 2-3（a）所示为输入接口电路。

（2）输出接口电路。

PLC 的输出接口电路用于将经过 PLC 处理的输出信号转换成执行机构所需的控制信号，并存入输出继电器，输出接口电路将其由弱电控制信号转换成现场需要的强电控制信号，以驱动接触器、电磁阀、指示灯、报警喇叭等。PLC 的输出接口电路模拟输出模块，用于控制电磁阀、变频器等执行机构。图 2-3（b）所示为 PLC 的输出接口电路，其将运算结果通过输出接口输出给指示灯和交流接触器。

开关量输出接口按 PLC 内部所使用的器件不同，可分为继电器型、晶体管型和晶闸管型。每种输出接口都采用电气隔离技术。输出接口本身都不带电源，电源由外部提供，而且在考虑外接电源时，还需考虑输出接口的类型。继电器型输出接口可用于交流及直流两种电源，但通断频率低；晶体管型输出接口有较高的通断频率，但只适用于直流驱动的场合；晶闸管型输出接口仅适用于交流驱动的场合。

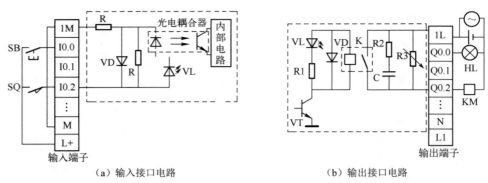

（a）输入接口电路　　　　　　　　（b）输出接口电路

图 2-3　PLC 的 I/O 接口电路

4）I/O 扩展接口电路

I/O 扩展接口电路用于连接 I/O 扩展单元，可以增加开关量 I/O 点数或模拟量 I/O 端子。扩展单元需和基本单元配合使用，不能单独使用。有的 CPU 可以扩展，有的 CPU 不能。西门子 S7-1200 PLC 的 CPU1211C 不能扩展，CPU1212C 最多有 2 个扩展单元，CPU1214C、CPU1215C 和 CPU1217C 最多有 8 个扩展单元。

5）电源

PLC 一般使用 220V 交流电源或 24V 直流电源作为工作电源。整体式小型 PLC 还提供 24V 直流电源，供外部输入元件使用。为了避免干扰和保证运行稳定性，PLC 输入接口电路与输出接口电路的电源应彼此相互独立。

6）外设通信接口电路

PLC 的通信接口主要实现"人-机"或"机-机"之间的对话，PLC 可以通过通信接口与打印机、计算机、扫描仪、触摸屏等外设相连，也可以与其他 PLC 相连。

7）其他部件

PLC 还可以安装存储卡等。

2. PLC 的工作原理及等效电路

PLC 可看作由继电器、定时器、计数器等组合而成的电气控制系统。PLC 内部的继电器实际上是指存储器中的存储单元，称为软继电器。当输入到存储单元的逻辑状态为 1 时，表示相应继电器的线圈通电，其常开触点闭合，常闭触点断开；当输入到存储单元的逻辑状态为 0 时，表示相应继电器的线圈断电，其常开触点断开，常闭触点闭合。这些存储单元的体积小、功耗低、无触点、速度快、寿命长，并且具有无限多的常开、常闭触点供程序使用。

以电动机启停控制线路为例，用 PLC 来实现控制。PLC 外部接线及内部等效电路如图 2-4 所示。由图 2-4 可知，PLC 可分成 3 部分：输入部分、内部控制电路和输出部分。

（1）输入部分。

输入部分由输入端与输入继电器组成。输入继电器由输入端的外部信号来驱动，其作用是收集被控制设备的各种信息或操作指令。

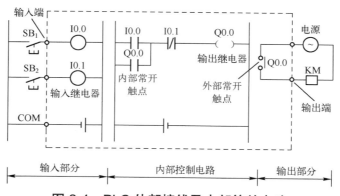

图 2-4 PLC 外部接线及内部等效电路

（2）内部控制电路。

内部控制电路包括由大规模集成电路构成的微处理器和存储器，经过 PLC 制造厂家的开发，为用户提供部件。内部控制电路提供的部件包括输出继电器、定时器、计数器、移位寄存器等，这些部件有许多对常开触点和常闭触点供 PLC 内部使用。内部控制电路的作用是处理从输入部分获得的信息，并根据用户程序的要求，使输出满足预定的控制要求。

（3）输出部分。

输出部分的作用是驱动被控制设备按用户程序的要求动作。每一条输出电路相当于一个输出继电器，此输出继电器有一个对外常开触点与输出端相连，其余均为供 PLC 内部使用的常开触点和常闭触点。当输出继电器接通时，对外常开触点闭合，被控制设备可以通电动作。

图 2-4 中虚线框住的部分实际上就是用户所编制的程序，等效于 PLC 内部电路。当用开发软件将用户程序送入 PLC 时，PLC 就可以按照用户程序的要求进行工作了。

电路的工作过程如下。

当启动按钮 SB1 闭合时，输入继电器 I0.0 接通，其常开触点 I0.0 闭合，输出继电器 Q0.0 接通，Q0.0 的内部常开触点闭合自锁，同时外部常开触点 Q0.0 闭合，使接触器 KM 线圈通电，电动机连续运行。停机时，按下停止按钮 SB2，输入继电器 I0.1 接通，其常闭触点 I0.1 断开，输出继电器 Q0.0 断开，电动机停止运行。要注意的是，因与停止按钮相连的输入继电器 I0.1 采用的是常闭触点，所以停止按钮必须采用常开触点，这与继电器–接触器控制线路不同。

3. PLC 的工作过程

PLC 的 CPU 连续执行用户程序的循环工作过程称为循环扫描。用户程序运行一次所需的时间叫作 PLC 的一个扫描周期。

PLC 的工作过程可分为 5 个阶段：CPU 自诊断、通信处理、输入采样、程序执行、输出刷新。

1）CPU 自诊断

CPU 检查内部硬件电路、用户程序存储器和所有 I/O 模块的状态，若发现异常，则停机并显示报警信息。

2）通信处理

CPU 处理从通信端口接收到的信息。

3）输入采样

PLC 的输入接口电路把检测到的开关量的通断状态转化为 PLC 能够识别的高低电平，CPU 在每个扫描周期开始时扫描输入模块的信号，将其送入输入继电器，即输入继电器被刷新。在程序执行阶段，输入继电器与外界隔离，即使输入模块的信号发生改变，输入继电器的内容仍保持不变，即集中输入，输入模块的信号只有在下一个扫描周期的输入采样阶段才能被读入。

4）程序执行

PLC 按照用户程序的顺序，先左后右，自上而下逐行扫描，执行用户程序。

当指令中的运行结果涉及输入、输出状态时，PLC 就从输入继电器中"读入"采集到的对应端子的状态，按照用户程序进行处理，将处理结果存入输出继电器。

5）输出刷新

程序执行完毕后，所有输出继电器的状态在输出刷新阶段被存储到输出锁存器中，最后集中输出，通过隔离电路驱动功率放大电路，使输出端子向外界输出控制信号，驱动负载。输出继电器的状态在下一个输出刷新阶段开始之前保持不变，即集中输出。

PLC 工作过程的后 3 个阶段如图 2-5 所示。

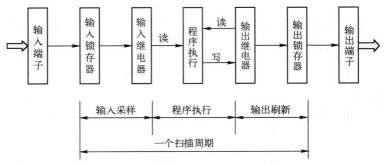

图 2-5　PLC 工作过程的后 3 个阶段

当 PLC 处于 STOP 状态时，只进行 CPU 自诊断和通信处理；当 PLC 处于 RUN 状态时，从 CPU 自诊断、通信处理，到输入采样、程序执行、输出刷新，循环工作。

若 CPU 诊断内部硬件电路正常、无通信服务要求，则 PLC 的工作过程就只剩下 3 个阶段，即输入采样、程序执行、输出刷新。

4. PLC 的性能指标与分类

目前，PLC 的主要品牌有西门子、ABB、松下、三菱、欧姆龙、富士、施耐德、汇川、信捷、台达、和利时等。本书以西门子 S7-1200 PLC 为例进行讲解。

1）PLC 的性能指标

用户选择 PLC 主要是依据控制系统对 PLC 性能指标的要求来进行的。PLC 的性能指标主要有 I/O 点数、存储容量、扫描速度、指令系统及扩展能力等。

（1）I/O 点数。I/O 点数指 PLC 输入端子、输出端子的总数，这是 PLC 最重要的一项性能指标。

（2）存储容量。PLC 的存储容量通常是指用户程序存储器和数据存储器的容量之和，它用于表示 PLC 提供给用户的可用资源。

（3）扫描速度。PLC 采用循环扫描方式工作。扫描速度与扫描周期成反比，影响扫描速度的主要因素有用户程序的长度和 PLC 的类型。

（4）指令系统。指令系统是指 PLC 所有指令的总和。PLC 的指令越多，编程功能就越强。

（5）扩展能力。大部分 PLC 除主机外，还有多种扩展单元，用户可以根据不同的功能需求选择不同的扩展单元。

S7-1200 PLC 分为 CPU1211C、CPU1212C、CPU1214C、CPU1215C、CPU1217C 五类机型。S7-1200 PLC 的技术指标如表 2-1 所示。

表 2-1　S7-1200 PLC 的技术指标

型号		CPU1211C	CPU1212C	CPU1214C	CPU1215C	CPU1217C
物理尺寸（mm×mm×mm）		90×100×75		110×100×75	130×100×75	150×100×75
用户存储器	工作存储器	50KB	75KB	100KB	125KB	150KB
	装载存储器	1MB	2MB	4MB		
本地板载 I/O 点数	数字量	6 点输入/4 点输出	8 点输入/6 点输出	14 点输入/10 点输出		
	模拟量	2 点输入			2 点输入/2 点输出	
信号模块（SM）扩展个数		无	2	8	8	8
最大本地数字量 I/O 点数		14	82	284	284	284
最大本地模拟量 I/O 点数		13	19	67	69	69
过程映像大小		输入继电器为 1024B，输出继电器为 1024B				
信号板（SB）、电池板（BB）或通信板（CB）		1				
通信模块（CM）		3（左侧扩展）				
高速计数器		最多可组态 6 个使用任意内置或信号板输入的高速计数器				
脉冲输出		最多 4 路，CPU 本体为 100kHz，通过信号板可输出 200kHz，CPU1217C 最多支持 1MHz				
存储卡		SIMATIC 存储卡（选件）				
实时时钟保持时间		通常为 20 天，40℃时最少为 12 天（免维护超级电容）				
PROFINET 以太网通信端口		1			2	
实数数学运算执行速度		2.3μs/指令				
布尔运算执行速度		0.08μs/指令				

2）PLC 的分类

（1）按结构形式分类。

① 整体式。

整体式 PLC 将 PLC 的基本部件，如 CPU、输入接口、输出接口、电源等安装在一个机壳内构成一个整体，即 PLC 的主机。整体式 PLC 的体积小、成本低、安装方便，微型 PLC 和小型 PLC 一般为整体式。

② 模块式。

模块式 PLC 由一些模块组成，包括 CPU 模块、输入模块、输出模块、电源模块和各种功能模块等，各个模块相互独立，可根据需要灵活配置。模块式 PLC 的功能强，硬件组态灵活、方便，较复杂、要求较高的大中型 PLC 多为模块式。

（2）按 I/O 点数分类。

PLC 按 I/O 点数可分为小型 PLC、中型 PLC、大型 PLC。

① 小型 PLC。

小型 PLC 的 I/O 点数为 256 点以下，一般用于实现开关量逻辑控制，还具有较强的通信能力和模拟量处理能力。小型 PLC 的价格低、体积小，适用于单机设备和设计机电一体化产品，如西门子的 S7-200 系列、三菱的 Modicon PC-085 系列等。

② 中型 PLC。

中型 PLC 的 I/O 点数为 256～2048 点，具有极强的开关量逻辑控制功能、通信联网功能及模拟量处理能力。中型 PLC 的指令系统比小型 PLC 丰富，适用于复杂的逻辑控制系统及连续生产线的过程控制，如西门子的 S7-300 系列、欧姆龙的 C200H 系列等。

③ 大型 PLC。

大型 PLC 的 I/O 点数为 2048 点以上，具有计算、控制、调节功能，具有强大的网络结构和通信联网能力，数据存储容量大，配备多种智能板，可构成多功能的控制系统。大型 PLC 适用于设备自动化控制、过程自动化控制和过程监控系统，如西门子的 S7-400 系列、欧姆龙的 CS1 和 CVM1 系列等。

5. S7-1200 PLC 的外部结构和接线

S7-1200 PLC 是一款紧凑型、模块化的 PLC。

1）外部结构

图 2-6 所示为 CPU1211C DC/DC/RLY 型 S7-1200 PLC，其外部结构包括以下部分。

① PLC 工作电源接口。直流电源为 DC 24V，端子为 L+、M；交流电源为 AC 120/240V，端子为 L1、N。

② 存储卡插槽（位于保护盖下面），可放入存储卡等。

③ 可拆卸用户接线连接器（位于保护盖下面）。

④ I/O 状态 LED 指示灯。

⑤ 通信接口（位于 CPU 底部），用于连接计算机、触摸屏等外部输入设备。

图 2-6 CPU1211C DC/DC/RLY 型 S7-1200 PLC

PLC 的背面有螺栓孔、DIN 夹子，用于其固定。

PLC 主机表面还印有文字：S7-1200 表示西门子 PLC 系列；CPU1211C 表示 CPU 型号，根据电源信号、输入信号、输出信号的类型不同，PLC 可分为 DC/DC/DC、DC/DC/RLY、AC/DC/

RLY 版本，其中 DC 表示直流，AC 表示交流，RLY 表示继电器，如"DC/DC/RLY"表示"直流电源/直流输入/继电器输出"型 PLC。

2）外部接线

CPU12××C 型 PLC 的 I/O 点数及可扩展模块数如表 2-2 所示。

表 2-2　CPU12XXC 型 PLC 的 I/O 点数及可扩展模块数

型　　号	I/O 点数		可扩展模块数
	主机输入点数	主机输出点数	
CPU1211C	6	4	无
CPU1212C	8	6	2
CPU1214C	14	10	8
CPU1215C	14	10	8
CPU1217C	14	10	8

例如，CPU1214C 型 PLC 有 I0.0～I0.7、I1.0～I1.5 共 14 个输入点，Q0.0～Q0.7、Q1.0～Q1.1 共 10 个输出点，其 I/O 点数为 24 点。

（1）输入端接线。

输入端可以接入按钮、继电器触点、行程开关等无源触点（也称干接点）元件及两线制传感器等元件，如图 2-7 所示。

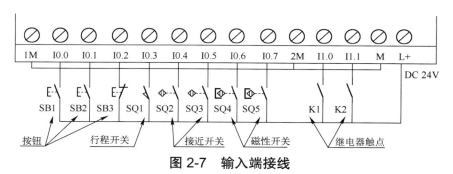

图 2-7　输入端接线

（2）输出端接线。

输出端可以直接驱动接触器、继电器、电磁阀、指示灯等。输出端接线如图 2-8 所示。

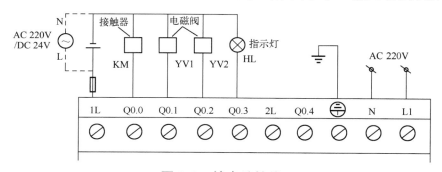

图 2-8　输出端接线

6. S7-1200 PLC 的编程元件

PLC 可以看作由继电器、定时器、计数器等元件构成的组合体，其指令针对元件的状态，用程序实现元件之间的逻辑连接，这些元件在实际中并不存在，所以叫作软元件。PLC 的编程元件实质上是数据存储单元，数据存储区为每一种编程元件分配一个存储区域，每个存储区域用字母表示编程元件的类型，用字母加数字表示数据的存储地址。

数据存储单元按字节编址，每字节由 8 位组成，每 1 位都可以看作有 0、1 两种状态的编程元件。

1）输入继电器

输入继电器也称为过程映像输入，在用户程序中的标识符为 I，它的每一位对应一个 PLC 的输入点，用于接收外部元件（按钮、行程开关、传感器等）提供的输入信号，再将这些输入信号传送到 PLC。

CPU 仅在每个扫描周期开始时读取数字量输入模块的外部输入电路的状态，并将它们存入输入继电器。

2）输出继电器

输出继电器也称为过程映像输出，在用户程序中的标识符为 Q，它将输出信号传送到负载的接口。在每个扫描周期开始时，CPU 将输出继电器的数据传送给输出端子，再由后者驱动负载。

输出继电器通过输出端子连接负载，如接触器、电磁阀、指示灯等，通过程序控制接通或断开负载。

I 和 Q 均可以按位、字节、字和双字来访问，编程软件的程序编辑器自动在绝对操作数前插入%，例如%I1.2。

3）位存储器

位存储器类似于继电器-接触器控制系统中的中间继电器，用于存储运算的中间操作状态或其他控制信息。位存储器与外部无任何联系，其线圈只能使用程序指令驱动，其常开触点和常闭触点可供用户程序使用无限次。位存储器主要以位为单位存储数据，也可以以字节、字或双字为单位存储数据。

4）特殊标志位存储器

特殊标志位存储器又称为特殊继电器。它提供了 CPU 和用户程序之间传递信息的方法，用于存储系统的状态变量、有关控制参数和信息等。用户可以使用这些位选择和控制 PLC 中 CPU 的一些特殊功能。

例如，设置系统存储器和时钟存储器，字节地址可分别设置为 MB0 和 MB1，其定义如下。

M0.3：提供一个 2Hz 的时钟脉冲，1s 为 0，1s 为 1。

M0.5：提供一个 1Hz 的时钟脉冲，0.5s 为 0，0.5s 为 1。

M1.0：首次扫描时为 1，PLC 由 STOP 状态转为 RUN 状态时，保持 ON（状态为 1）一个扫描周期，常用作初始化脉冲。

M1.2：RUN 监控，当 PLC 处于 RUN 状态时，该位始终为 1。

5）定时器

定时器相当于时间继电器，用于延时控制，IEC 定时器属于函数块，调用时需要指定配套的背景数据块，定时器指令的数据保存在背景数据块中。

S7-1200 PLC 提供 4 种不同类型的定时器，分别是脉冲定时器（TP）、通电延时定时器（TON）、断电延时定时器（TOF）、有记忆功能的通电延时定时器（TONR）。每种类型的定时器都有 3 种时间基准：1ms、10ms、100ms。定时器当前值寄存器按位存储，当输入条件被满足时，每隔一个时间基准，定时器当前值增加 1。

6）计数器

计数器用于累计输入脉冲的个数，即（编程）元件状态脉冲由低电平到高电平的次数，IEC 计数器属于函数块，调用它们时，需要生成保存计数器数据的背景数据块。

S7-1200 PLC 提供 3 种不同类型的计数器：增计数器（CTU）、减计数器（CTD）和增减计数器（CTUD）。

计数器有一个当前值（16 位有符号整数）寄存器和 1 位状态位。当计数器的当前值大于或等于预设值时，状态位置为"1"。

7）数据块

数据块用于存储代码块使用的各种类型的数据，包括中间操作状态、其他控制信息，以及某些指令（如定时器、计数器）需要的数据结构。

数据块有两种类型，即全局数据块和背景数据块。全局数据块中存储的数据可以被所有代码块访问；背景数据块中存储的数据供指定的功能块（FB）访问，其结构取决于 FB 的界面区的参数。

7. PLC 的编程语言

S7-1200 PLC 支持 SIMATIC 和 IEC 61131-3 两种类型的指令集，两种指令系统不兼容。

IEC 61131-3 指令集是国际电工委员会（IEC）PLC 编程标准提供的指令系统，适用于不同厂家生产的 PLC，有 5 种标准的编程语言，包括图形化语言和文本化语言，即梯形图（LAD）、功能块图（FBD）、顺序功能图（SFC）、指令表（STL，西门子 PLC 称为语句表）和结构化文本（ST）。

SIMATIC 指令集是西门子 PLC 专用的指令集，具有专用性强、执行速度快等优点，可提供梯形图、语句表、功能块图、顺序功能图和结构化控制语言（SCL）5 种编程语言。S7-1500 PLC 可以使用 5 种编程语言，S7-1200 PLC 只能使用梯形图、功能块图、结构化控制语言这 3 种编程语言。

1）梯形图

梯形图是在继电器-接触器控制系统的基础上演变而来的，继承了继电器-接触器控制系统的基本工作原理和电气逻辑关系的表示方法，梯形图的最大特点是直观、清晰、简单易学。

梯形图指令有 3 种基本形式：触点、线圈和指令盒。触点表示输入条件，如开关、按钮和内部条件等；线圈表示输出结果，PLC 输出点可直接驱动继电器、接触器和指示灯等；指令盒表示一些功能较复杂的附加指令，如定时器、计数器或数学运算指令等。

例如，在图 2-4 中，内部控制电路就是用梯形图编制的电动机启停控制线路的梯形图程序。

梯形图程序左边的线称为左母线。某些 PLC 的梯形图程序中有两条母线，母线之间是触点的逻辑连接和线圈的输出，但大部分 PLC 只保留左母线。当程序执行时，信息流类似于继电器-接触器控制线路里的电流，但梯形图程序中的电流并不实际存在，是一种概念电流。梯形图如图 2-9（a）所示。

2）语句表

语句表是使用指令助记符编制控制程序的，是一种面向机器的语言，其指令简单、执行速度快，适合熟悉 PLC 并且有逻辑编程经验的程序员使用。因为语句表不直观、不便于理解，所以使用它的人越来越少。语句表如图 2-9（b）所示。

3）功能块图

功能块图也叫作函数块图，是利用逻辑门图形组成的。STEP 7 Professional 的梯形图、语句表、功能块图之间可以相互转换。功能块图如图 2-9（c）所示。

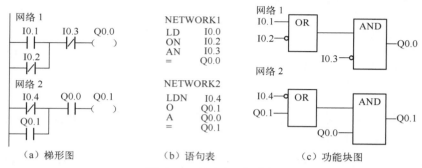

（a）梯形图   （b）语句表   （c）功能块图

图 2-9 编程语言举例

4）顺序功能图

顺序功能图是一种典型的图形化编程语言。它对于解决复杂的顺序控制问题来说非常方便。在 S7-1200 PLC 中它并不是一种编程语言，只是提供了几条指令，使用这些指令可以完成一般功能图程序的设计。

5）结构化控制语言

结构化控制语言是一种高级编程语言，除了 PLC 的典型元素（如输入、输出等），还有表达式、赋值运算、程序分支等。这种语言尤其适用于复杂的数学运算、数据管理、过程优化等。

8. PLC 的编程软件

TIA 博途编程软件是西门子公司开发的自动化工程设计软件平台。STEP 7 Professional 可用于 S7-1200/1500/300/400 PLC 和 WinAC 的组态和编程，STEP 7 Basic 只能用于 S7-1200 PLC 的组态和编程。

自 2009 年发布第一款 SIMATIC STEP 7 V10.5（STEP 7 Basic）以来，已经发布的版本有 V10.5、V11、V11SP1、V11 SP2、V12、SP3、V13、V14、V15。随着硬件的不断升级，将会发布更高的版本。

（1）安装 TIA 博途编程软件对计算机的要求。

推荐的计算机配置：处理器主频为 3.3 GHz，内存为 8GB，硬盘为 300GB。

安装顺序：STEP 7→PLC SIM→WinCC→Startdrive→STEP 7 Safety。

安装 STEP 7 Basic/Professional V15 的计算机必须满足以下要求。

CPU：Corei5-6440EQ@3.4GHz 或者相当。

内存：16GB 或者更大。

硬盘：SSD，配备至少 50GB 存储空间。

图形分辨率：最小为 1920 像素×1080 像素。

显示器：15.6 英寸，宽屏显示（1920 像素×1080 像素）。

（2）软件的汉化。

TIA 博途编程软件安装完成后是英文版本，可以对其进行汉化，软件的汉化有三种方式。

① 单击桌面上的图标，打开 TIA 博途编程软件，进入软件启动界面，将"User interface language"（用户界面语言）设置为中文，如图 2-10 所示。

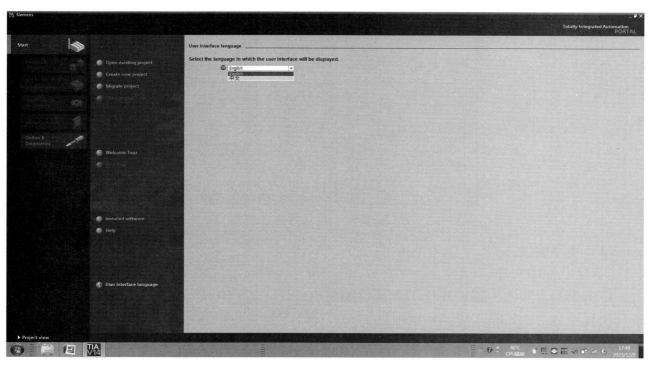

图 2-10　汉化方法 1

② 进入软件后，在"Options"（选项）菜单中单击"Settings"（设置）按钮，在弹出的"Settings"窗口中单击"General"（常规）选项，这时将进入"General"子页面，在"General setting"选区的"User interface language"下拉列表中选择"中文"选项，如图 2-11 所示。

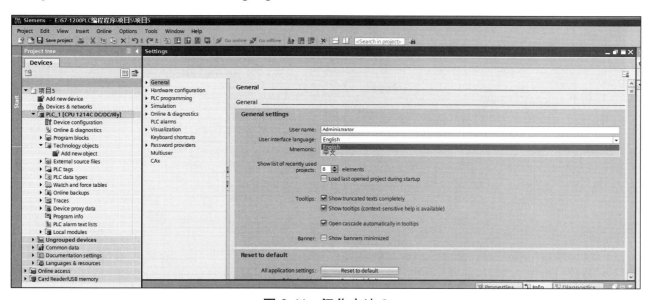

图 2-11　汉化方法 2

③ 进入软件后，单击窗口右侧的"Tasks"（任务）选项卡，展开"Languages &resources"（语言和资源）下拉列表，在"Editing language"（编辑语言）下拉列表中选择"Chinese（People's Republic of China）"选项，如图 2-12 所示。

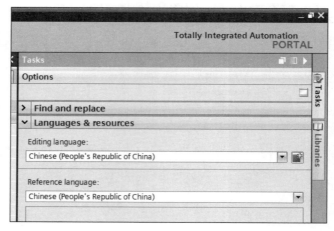

图 2-12　汉化方法 3

（3）程序编辑。

① 建立程序文件。

单击桌面上的图标，打开 TIA 博途编程软件，进入软件启动界面，其中有四个选项：打开现有项目、创建新项目、移植项目、关闭项目，如图 2-13 所示。单击"创建新项目"选项，在打开的界面"项目名称"输入框中输入项目名称并选择项目保存的路径，在"注释"输入框中填写项目的主要信息。输入完成后，单击"创建"按钮，完成新项目的创建及保存，如图 2-14 所示。

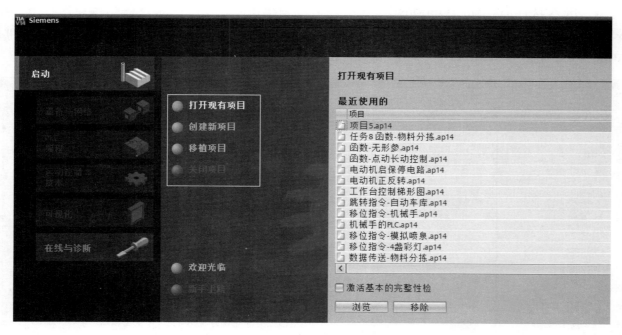

图 2-13　软件启动界面

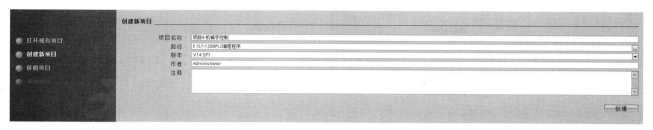

图 2-14　新项目的创建及保存

② 组态设备。

创建新项目后，进入图 2-15 所示的界面。单击"组态设备"按钮，在打开的界面的左侧项目树中单击"添加新设备"按钮，在弹出的"添加新设备"界面中单击"控制器"按钮，在"CPU"下拉列表中选择 PLC 所需的 CPU，输入订货号，如图 2-16 所示。若不知道订货号，可以在"CPU"下拉列表中选择"非特定的 CPU1200"选项，双击订货号（图 2-16 中的框选处），进入图 2-17 所示的界面，单击"获取"按钮，软件会自动获取已经与计算机联网的 PLC，如图 2-18 所示。在"PLC-1 的硬件检测"界面中单击"开始搜索"按钮，稍等一会，待"检测"按钮由灰变亮后，单击"检测"按钮，进入图 2-19 所示的界面。

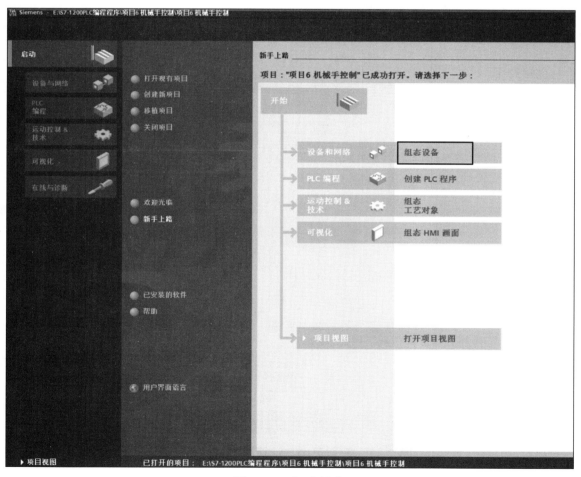

图 2-15　组态设备

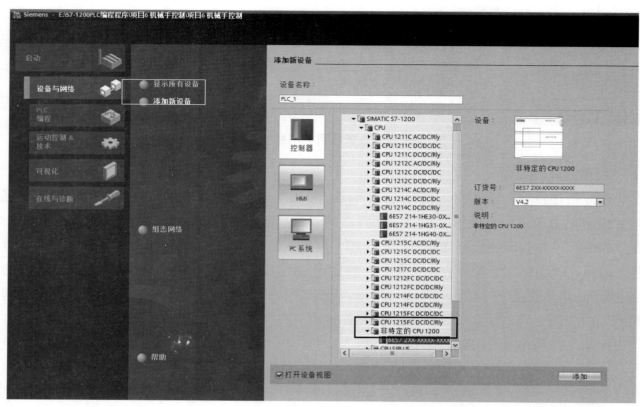

图 2-16　PLC 的 CPU 组态

图 2-17　获取已经与计算机联网的 PLC

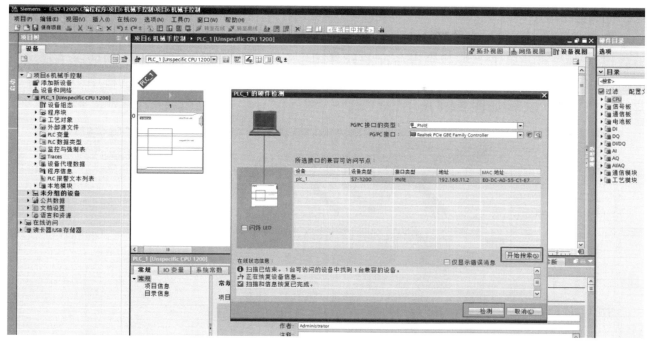

图 2-18　PLC 的硬件检测

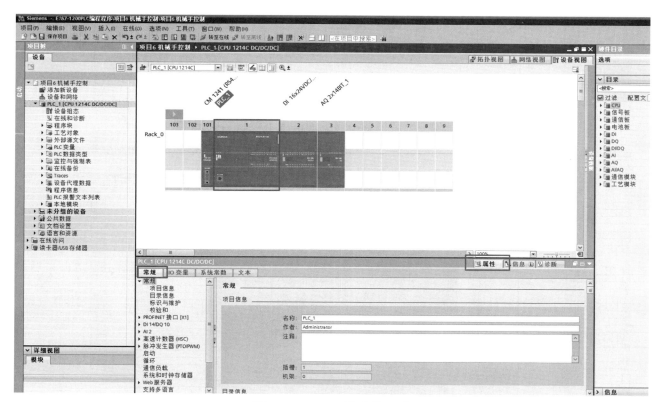

图 2-19　PLC 的硬件组态

③ 设置 PLC 属性。

双击需要修改的 PLC 模块，在"属性"窗口的"常规"选项卡中可以修改 I/O 地址等，如图 2-19 所示。

④ 硬件组态下载。

在项目树中选中 PLC_1，或者用鼠标全选所有硬件设备，单击"下载到设备"按钮，在下载过程中，需要单击"装载到设备前的软件同步"对话框中的"在不同步的情况下继续"按钮，如图 2-20 所示。当模块因下载到设备而停止时，在"下载预览"对话框中根据需要设置停止或启动 PLC，如图 2-21 所示。

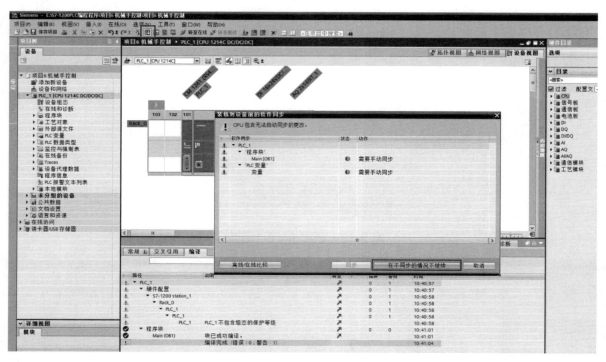

图 2-20 单击"在不同步的情况下继续"按钮

图 2-21 "下载预览"对话框

下载完成后，若各个设备都显示绿灯，则说明硬件组态成功；若不能正常运行，则说明组态错误，可使用 CPU 在线诊断工具进行诊断、排错。

⑤ 梯形图程序的编辑。

下面以电动机启保停电路的 PLC 控制程序（见图 2-22）为例，说明梯形图程序的编辑。

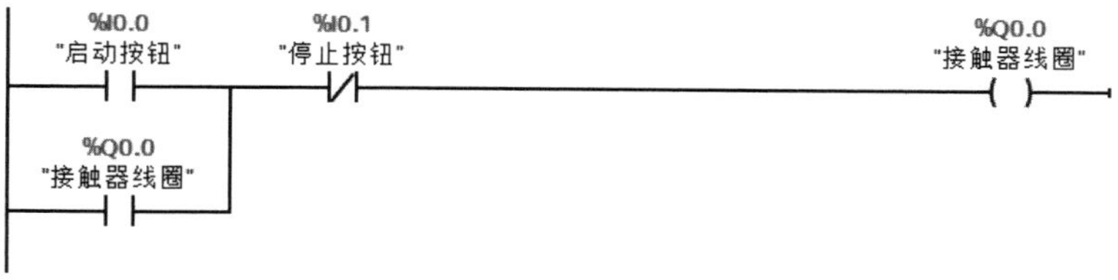

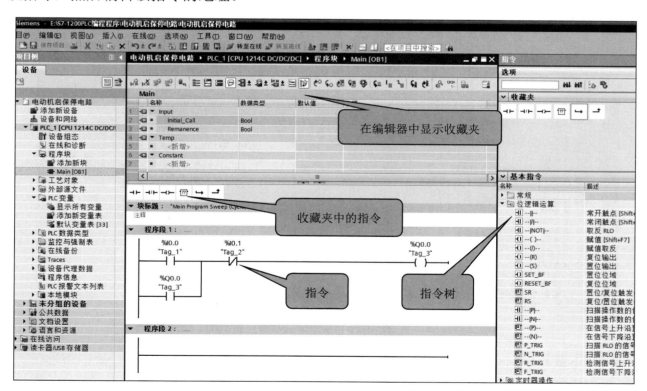

图 2-22　电动机启保停电路的 PLC 控制程序

展开项目视图的项目树中 PLC_1 的"程序块"下拉列表，双击其中的"Main"组织块（OB）打开主程序；也可以单击项目视图中左下角中的"PORTAL 视图"按钮切换到 PORTAL 视图，展开"PLC 编程"下拉列表，双击其中的"Main"组织块打开主程序。进入梯形图程序的编辑界面，如图 2-23 所示。单击界面右侧的"指令"选项卡，把常用的指令拖放到收藏夹中，单击"在编辑器中显示收藏夹"按钮。

在程序段 1 中，双击收藏夹中的所需指令或者指令树中的指令，就会在程序段 1 中出现该指令，然后编辑该指令的地址。

图 2-23　梯形图程序的编辑界面

⑥ 编程语言的转换。

在"编辑"菜单中或用鼠标右击项目树中的某个 Main 组织块，在快捷菜单中单击"切换编程语言"按钮，梯形图和功能块图可以相互切换，只能在添加新块时选择结构化控制语言。

⑦ 编辑变量。

在 S7-1200 PLC 的编程理念中，特别强调符号寻址的使用。在开始编制程序之前，用户应当为输入、输出、中间变量定义相应的符号名，即标签。在项目树中单击"PLC 变量"下拉列表中的"添加新变量表"选项，定义新变量，也可以单击"显示所有变量"选项，在"PLC 变量"界面中直接定义新变量，如图 2-24 所示，通过"添加新变量表"选项定义的新变量也会显示在此界面中。在梯形图程序中输入变量的地址时可以输入名称，也可以输入地址，输入完成后将会同时显示变量的名称和地址，如图 2-25 所示。

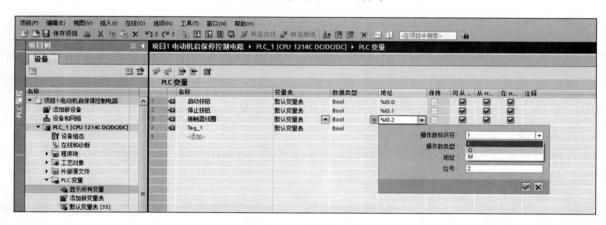

图 2-24　编辑变量

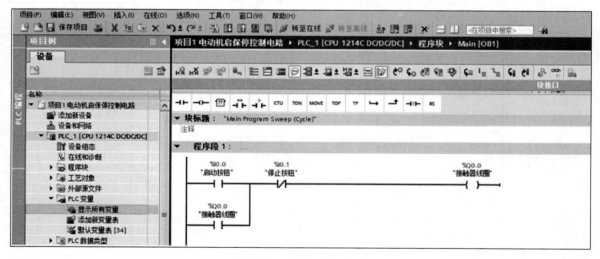

图 2-25　变量的显示

（4）下载程序。

将程序下载到 PLC 前，PLC 会对程序进行编译，并进行下载前的检查，如图 2-26 所示。如果程序被检查出有问题，单击停止模块"动作"下拉列表中的"全部停止"选项，此时"下载"按钮由灰变亮，单击"下载"按钮开始下载，下载完成后，单击"完成"按钮即可。

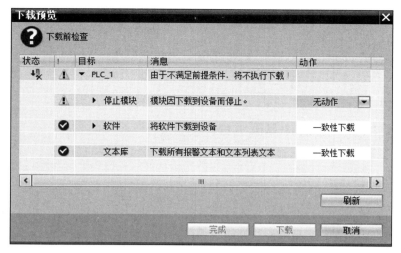

图 2-26 下载前的检查

（5）停止、运行及程序监控。

当单击项目工具栏中的"运行"按钮 时，PLC 处于运行状态，PLC 状态指示灯 RUN（绿色）亮；当单击项目工具栏中的"停止"按钮 时，PLC 处于停止状态，PLC 状态指示灯 STOP（橙色）亮。

先单击项目工具栏中的"转到在线"按钮 转到在线，再单击程序工具栏中的"启用/禁用监控"按钮 ，可以监控程序的运行状况，如图 2-27 所示。其中蓝色虚线表示能流断开，绿色实线表示能流导通。

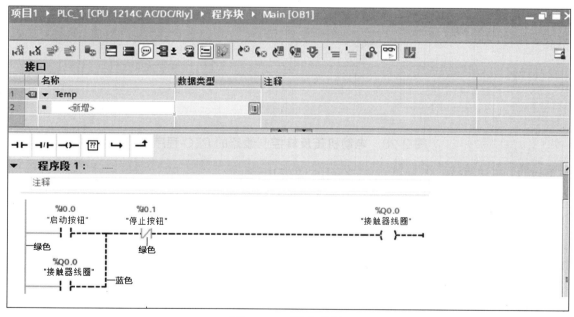

图 2-27 程序监控

📖 边学边练

（1）用 TIA 博途编程软件编制图 2-9（a）所示的梯形图程序，并观察其功能块图程序。

（2）用 TIA 博途编程软件编制图 2-22 所示电动机启保停电路的梯形图程序，并编写其变量表。

二、任务实施

1. 器材准备

- PLC 实训装置 1 台。
- 装有 TIA 博途编程软件的计算机 1 台。
- PC/PPI 通信电缆 1 根。
- 导线若干。

2. 实训内容

（1）对照实训室中的 PLC 实物，找出 CPU、I/O 接口电路、存储器、电源等主要组成部分。

（2）练习使用 TIA 博途编程软件。

编制电动机正反转控制线路的 PLC 程序，如图 2-28 所示，将程序下载至 PLC，并进行程序的编辑、运行及监控。

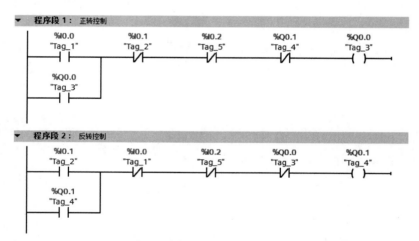

图 2-28　电动机正反转控制线路的 PLC 程序

① 接好计算机与 PLC 主机单元之间的通信电缆。
② 使 PLC 接通电源。
③ 将 TIA 博途编程软件装入计算机，并对其进行汉化处理。
④ 在 TIA 博途编程软件中编制梯形图程序。
⑤ 下载程序至 PLC。
⑥ 连接 PLC 的 I/O 接口电路。

按照电路的控制要求拨动面板上的开关，运行并调试程序。观察实训现象，判断是否能正确实现程序功能。若不能，则检查程序并对其进行修改，直至正确为止。

3. 实训记录

（1）记录 PLC 主机各部分的名称及作用。
（2）描述用 PLC 控制电动机正反转时的现象，并填写表 2-3。

表 2-3　用 PLC 控制电动机正反转时的现象

操　　作	现　　象	
	PLC 输入元件	PLC 输出元件
（1）按下正转启动按钮		
（2）按下反转启动按钮		
（3）按下停止按钮		

（3）记录实训过程中出现的程序问题、接线问题及所采取的处理方法。

三、知识拓展——PLC 的产生与发展趋势

1. PLC 的产生

20 世纪 60 年代，美国汽车制造业竞争激烈，汽车型号不断更新，这就要求生产线的控制系统随之改变，为克服继电器-接触器控制系统体积大、可靠性差、灵活性差的缺点，美国通用汽车公司在 1968 年公开招标，对新的汽车流水线控制装置提出了 10 项招标要求。

① 编程方便，可现场修改程序。

② 维修方便，采用模块化结构。

③ 可靠性高于继电器-接触器控制系统。

④ 体积小于继电器-接触器控制系统。

⑤ 数据可直接送入管理计算机。

⑥ 成本可与继电器-接触器控制系统竞争。

⑦ 输入可以是交流 115V（美国市电电压标准）。

⑧ 输出为交流 115V/2A 以上，能直接驱动电磁阀、接触器等。

⑨ 在扩展时，原系统只需做很小的变更。

⑩ 用户程序存储器的容量至少能扩展到 4KB。

1969 年，美国数字设备公司（DEC）根据上述 10 项招标要求，研制出了世界上第一台 PLC，型号是 PDP-14，在美国通用汽车流水线上试用，并获得成功。

这种新型的工业控制装置以其简单易懂、操作方便、可靠性高、通用灵活、体积小、使用寿命长等一系列优点，很快在美国其他工业领域应用，如制造、轻工、交通运输、环保，以及文化娱乐等领域。如今，随着计算机技术、工业控制技术的进步，PLC 已广泛应用于工业生产过程的自动控制领域。

IEC 于 1987 年发布的 PLC 的定义如下。

PLC 是专为在工业环境下应用而设计的一种进行数字运算操作的电子装置，是带有存储器、可以编制程序的控制器。它能够存储和执行指令，进行逻辑运算、顺序控制、定时、计数和算术运算等操作，并通过数字式和模拟式的输入、输出控制各类机械或生产工程。PLC 及其有关外围设备都应按易与工业控制系统形成一个整体、易于扩展其功能的原则设计。

2. PLC 的发展趋势

随着半导体技术、计算机技术和通信技术的发展，以及市场需求的增加，PLC 的结构和

功能也在不断改进，正朝着与新技术相适应的方向发展。

1）网络化

PLC 与计算机管理系统联网，实现信息交流，完成设备控制任务。除此之外，现场总线技术的广泛应用使 PLC 与现场智能化设备（智能化仪表、传感器、智能化电磁阀等）通过一根传输介质连接起来，按照同一通信规则进行信息传输，构成分散管理、集中控制的工业控制网络，或者提供通信接口，使 PLC 直接接入以太网。

2）高性能、小型化

PLC 的功能越来越丰富，体积越来越小。PLC 不再是只能进行开关量逻辑运算的产品，还具有模拟量处理能力，以及浮点数运算、PID 调节、温度控制、精确定位、步进驱动、报表统计等高级处理能力，PLC 与 DCS（集散式控制系统）的差别越来越小。小型的 PLC 具备了原来大中型 PLC 才有的功能，如模拟量处理、复杂的功能指令、网络通信等。PLC 的价格也在不断下降。

3）开放性和标准化

不同制造商生产的 PLC 没有统一的规范和标准，这种情况给 PLC 的制造和使用都增加了难度。目前，PLC 采用了各种工业标准，IEC 61131 为 PLC 的硬件设计、编程语言、通信联网等各方面制定了规范。PLC 和 IEC 61131 之间的兼容还有待进一步发展。

4）简单化

不同品牌的 PLC 所用的编程语言不同，用户掌握多种编程语言的难度较大。PID 控制、网络通信、高速计数器等编程和应用的难度很大，阻碍了 PLC 的推广应用。PLC 的编程语言在原有的梯形图、顺序功能图和指令表的基础上正在不断地向简单化、高层次发展。

📖 边学边练

利用网络搜索 PLC 的相关知识，了解不同品牌的 PLC。

思考与练习

（1）PLC 的编程语言有哪几种？

（2）S7-1200 PLC 包括哪些内部存储器？

（3）PLC 控制与继电器-接触器控制有什么异同？

任务二　PLC 基本逻辑指令的使用

任务描述

物料分拣设备上电时进入初始待机状态。机械手的水平臂缩回至左极限位置，垂直臂缩回至上极限位置，手爪松开。此时原位指示灯 EL1 长亮，作为初始位置指示。若上述部件不在初始位置，则按下复位按钮 SB3，各部件回到初始位置。试编制梯形图程序实现机械手各部件的位置初始化，并完成梯形图程序的调试运行。

　　本任务要实现机械手各部件位置初始化，若用 PLC 程序实现，则复位按钮的状态为输入信号，连接在 PLC 的输入端，电磁阀线圈为被控制设备，连接在 PLC 的输出端。实现上述复位操作需要用到 PLC 的基本逻辑指令。

- 掌握 S7-1200 PLC 输入继电器、输出继电器及中间继电器的含义。
- 理解 LD/LDN、OUT、A/AN、O/ON 等基本指令的功能并熟悉其编程格式。
- 掌握置位与复位指令的功能及编程格式。
- 掌握 PLC 梯形图程序的编制方法。
- 根据控制要求编制 PLC 梯形图程序,完成 PLC 外部硬件的安装接线及程序的调试运行。
- 通过实践操作，引导学生弘扬劳动精神，培养其吃苦耐劳的作风、勇于探索的创新精神，增强其社会责任感。
- 通过规范操作，树立安全文明生产意识、标准意识，养成良好的职业素养，培养严谨的治学精神、精益求精的工匠精神。
- 通过小组合作完成实训任务，树立责任意识、团结合作意识，提高沟通表达能力、团队协作能力。

一、基础知识

1. S7-1200 PLC 的部分元器件

1）输入继电器（I）

　　每一个输入继电器的线圈都与相应的 PLC 输入端相连，当外部开关闭合时，对应线圈通电，其常开触点闭合（状态为 1）、常闭触点断开（状态为 0），常开、常闭触点在 PLC 编程时可以无限次使用。

　　输入继电器的线圈只能由外部输入信号驱动，不能由 PLC 内部程序驱动。其等效电路如图 2-29 所示。

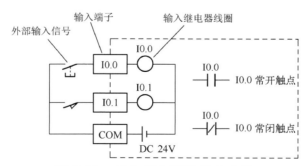

图 2-29　输入继电器的等效电路

2）输出继电器（Q）

输出继电器的线圈只能由 PLC 内部程序驱动，不能由外部输入信号直接驱动。通过 PLC

内部程序使其线圈通电时，其常开触点闭合，常闭触点断开，常开、常闭触点在编程时可以无限次使用。其等效电路如图 2-30 所示。

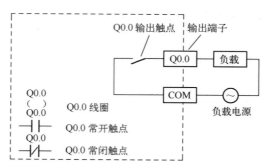

图 2-30　输出继电器的等效电路

2．PLC 的位逻辑指令及其应用

1）触点指令

梯形图中的触点指令有常开触点、常闭触点和取反触点，如图 2-31 所示。

常开触点：当位值为 1 时，常开触点将闭合（ON）；当位值为 0 时，常开触点将断开（OFF）。

常闭触点：当位值为 0 时，常闭触点将闭合（ON）；当位值为 1 时，常闭触点将断开（OFF）。

取反触点：若没有能流流入取反触点，则会有能流流出；若有能流流入取反触点，则没有能流流出。

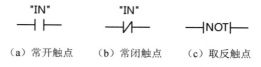

（a）常开触点　　（b）常闭触点　　（c）取反触点

图 2-31　触点指令

触点指令的应用实例如图 2-32 所示。

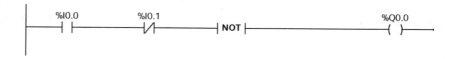

图 2-32　触点指令的应用实例

2）线圈指令

梯形图中的线圈指令有输出线圈和取反输出线圈两种，如图 2-33 所示。

（a）输出线圈　　　　　　　　（b）取反输出线圈

图 2-33　线圈指令

输出线圈：若有能流通过输出线圈，则输出位置 1；若没有能流通过输出线圈，则输出位置 0。

取反输出线圈：若有能流通过取反输出线圈，则输出位置 0；若没有能流通过取反输出线圈，则输出位置 1。

线圈指令的应用实例如图 2-34 所示。

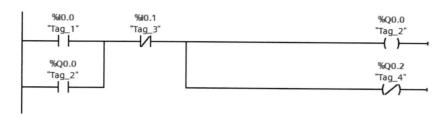

图 2-34　线圈指令的应用实例

可将触点相互连接并创建用户自己的组合逻辑。两个触点串联将进行"与"运算，两个触点并联将进行"或"运算。在同一个梯形图程序中不能使用双线圈输出，即同一个元器件在同一个梯形图程序中只能使用一次线圈指令。

例题 1：用 PLC 实现电动机长动控制。

电动机长动控制线路的电气原理图如项目 1 中的图 1-26 所示，按下启动按钮 SB2，交流接触器 KM 线圈通电，电动机开始运行；松开启动按钮 SB2，电动机继续运行；按下停止按钮 SB1，交流接触器 KM 线圈断电，电动机停止运行。FR 为热继电器，起过载保护作用。

① 输入/输出接口的分配。

输入/输出接口的分配如表 2-4 所示。

表 2-4　输入/输出接口的分配 1

输　入　接　口		输　出　接　口	
输　入　元　件	地　址	输　出　元　件	地　址
停止按钮 SB1	I0.0	交流接触器 KM 线圈	Q0.0
启动按钮 SB2	I0.1		
热继电器 FR	I0.2		

② 编制梯形图程序。

实现电动机长动控制的梯形图程序如图 2-35 所示。

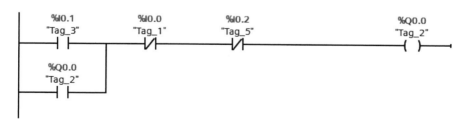

图 2-35　实现电动机长动控制的梯形图程序

例题 2：用 PLC 实现 CA6140 型车床的电气控制。

CA6140 型车床的电气控制线路如项目 1 中的图 1-71 所示，主轴电动机 M1 启动后，冷却泵电动机 M2 才能启动，刀架快移电动机 M3 为点动控制。SA1 为照明灯开关，SA2 为 M2 的控制开关，SB2 为 M1 的启动按钮，SB1 为 M1 的停止按钮，SB3 为 M3 的点动按钮。EL 为照明灯，KM1 为控制 M1 的交流接触器，KM2 为控制 M2 的交流接触器，KM3 为控制 M3 的交流接触器。

① 输入/输出接口的分配。

输入/输出接口的分配如表 2-5 所示。

表 2-5　输入/输出接口的分配 2

输 入 接 口		输 出 接 口	
输 入 元 件	地　　址	输 出 元 件	地　　址
照明灯开关 SA1	I0.0	照明灯 EL	Q0.0
M2 的控制开关 SA2	I0.1	控制 M1 的交流接触器 KM1	Q0.1
M1 的启动按钮 SB2	I0.2	控制 M2 的交流接触器 KM2	Q0.2
M1 的停止按钮 SB1	I0.3	控制 M3 的交流接触器 KM3	Q0.3
M3 的点动按钮 SB3	I0.4		
热继电器 FR1	I0.5		
热继电器 FR2	I0.6		

② 编制梯形图程序。

实现 CA6140 型车床电气控制的梯形图程序如图 2-36 所示。

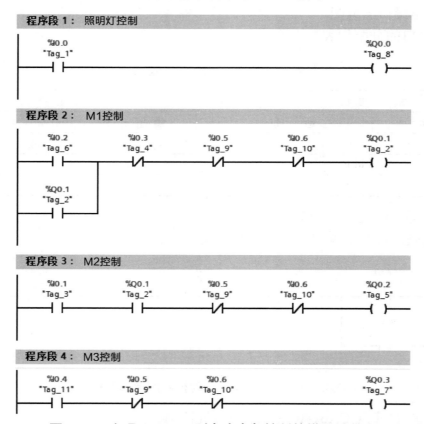

图 2-36　实现 CA6140 型车床电气控制的梯形图程序

例题 3： 用 PLC 实现电动机的星-三角降压启动。

手动切换的电动机星-三角降压启动电路如项目 1 中的图 1-59 所示，用 PLC 实现其控制线路部分。

① 输入/输出接口的分配如表 2-6 所示。

表 2-6 输入/输出接口的分配 3

输 入 接 口		输 出 接 口	
输 入 元 件	地 址	输 出 元 件	地 址
热继电器 FR	I0.0	交流接触器 KM1	Q0.1
停止按钮 SB3	I0.1	交流接触器 KM2	Q0.2
星形启动按钮 SB1	I0.2	交流接触器 KM3	Q0.3
三角形启动按钮 SB2	I0.3		

② 实现电动机星-三角降压启动的梯形图程序如图 2-37 所示。

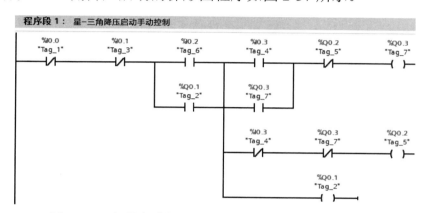

图 2-37 实现电动机星-三角降压启动的梯形图程序 1

在梯形图程序中，若多个逻辑行具有相同条件，常将它们合并成一个程序段。

上述程序也可以分别用三个程序段实现，如图 2-38 所示。梯形图程序中串联触点多的支路应放在上方，并联触点多的支路应放在左方。

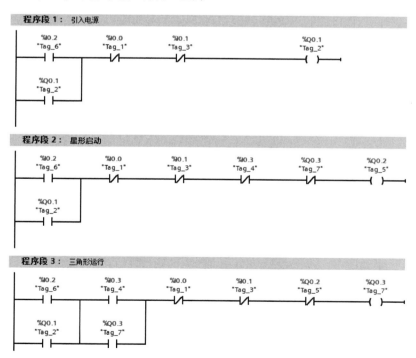

图 2-38 实现电动机星-三角降压启动的梯形图程序 2

例题 4： 用 PLC 实现三人抢答器。三人参加抢答竞赛，抢答机会均等。主持人按下开始按钮启动系统，若某人先按下抢答按钮答题，其指示灯点亮，其余两人的指示灯均不能点亮；答题完毕，主持人按下复位按钮，重新开始抢答。

① 输入/输出接口的分配如表 2-7 所示。

表 2-7 输入/输出接口的分配 4

输 入 接 口		输 出 接 口	
输 入 元 件	地 址	输 出 元 件	地 址
开始按钮 SB1	I0.0	甲指示灯 EL1	Q0.1
甲抢答按钮 SB2	I0.1	乙指示灯 EL2	Q0.2
乙抢答按钮 SB3	I0.2	丙指示灯 EL3	Q0.3
丙抢答按钮 SB4	I0.3		
复位按钮 SB5	I0.4		

② 三人抢答器的梯形图程序如图 2-39 所示。

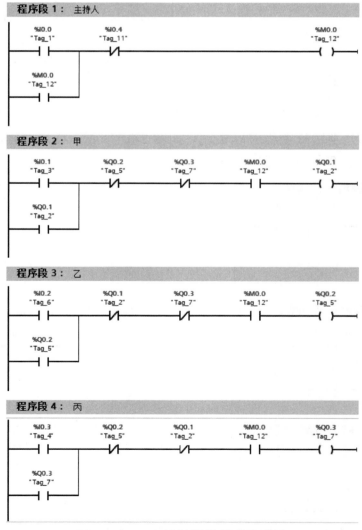

图 2-39 三人抢答器的梯形图程序

📖 **边学边练**

> 调试运行例题 1～4 的梯形图程序。

3. 梯形图程序的特点和编制规则

1）梯形图程序的特点

① 梯形图程序按从上到下、从左到右的顺序排列。每个继电器线圈构成一个网络。

② 梯形图程序中的继电器不是物理继电器，每个继电器对应内存中的一位，称其为软继电器。

③ 梯形图程序两端的母线并非实际电源的两端，通过的是概念电流。

④ 在梯形图程序中，继电器线圈只能出现一次，而触点可无限次使用。

⑤ 在梯形图程序中，前面网络的执行结果将立即被后面的逻辑操作所利用。

⑥ 输入继电器只有触点，没有线圈，其他继电器既有线圈又有触点。

⑦ PLC 总是按程序段的先后顺序逐一处理，不存在同时执行不同程序段的情况。

2）梯形图程序的编制规则

① 梯形图程序的每一行都从左母线开始，然后是各种触点的逻辑连接，最后以线圈或指令盒结束。触点不能放在线圈的右边。

② 线圈和指令盒一般不能直接连接在左母线上，若有需要，可以通过特殊继电器来完成，如 SM0.0（始终为 1）。

③ 在同一个梯形图程序中，同一编号的线圈使用两次及两次以上称为双线圈输出，双线圈输出非常容易引起误动作，因此 S7 系列 PLC 中不允许有双线圈输出。

④ 在每一个程序段中，串联触点多的支路应放在上方，并联触点多的支路应放在左方。这样做不仅节省指令，还很美观。

⑤ 当多个逻辑行具有相同条件时，常将它们合并起来。

⑥ 输入继电器的触点状态全部按常开触点进行设计更为合理。

⑦ 在同一个程序段内，S7-1200 PLC 允许有多个独立电路，而 S7-200 PLC 不允许出现这种情况。

4. 置位/复位指令

S7-1200 PLC 的置位/复位指令有单点置位/复位指令、多点置位/复位位域指令和置位优先/复位优先触发器 3 种。

（1）单点置位/复位指令。

单点置位指令用 S（SET）表示，存储器位置 1，一直保持到执行复位指令为止。

单点复位指令用 R（RST）表示，存储器位置 0，使动作复位，清零。

存储器位的置 1 和置 0 操作可以用普通线圈的通断电来描述，而单点置位指令、单点复位指令则可将线圈设计成置位线圈和复位线圈两种形式。其符号如图 2-40 所示。

"OUT"　　　　　　"OUT"

—(S)—　　　　—(R)—

（a）单点置位指令　　　（b）单点复位指令

图 2-40　单点置位指令、单点复位指令的符号

当置位线圈受到脉冲前沿触发时，置位线圈通电锁存（置 1）；当复位线圈受到脉冲前沿触发时，复位线圈断电锁存（置 0）。在下次置位、复位操作信号到来前，线圈的状态保持不变。单点置位指令、单点复位指令的应用如图 2-41 所示。

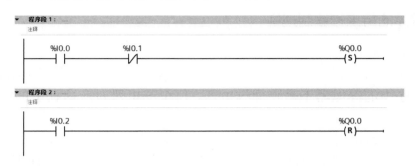

图 2-41　单点置位指令、单点复位指令的应用

（2）多点置位/复位位域指令。

多点置位位域指令 SET_BF 将从指定地址开始的连续的若干位置位。当 SET_BF 被激活时，对从地址 OUT 处开始的 n 位写入数据 1；当 SET_BF 未被激活时，从地址 OUT 处开始的 n 位不变。

多点复位位域指令 RESET_BF 将从指定地址开始的连续的若干位复位。当 RESET_BF 被激活时，对从地址 OUT 处开始的 n 位写入数据 0；当 RESET_BF 未被激活时，从地址 OUT 处开始的 n 位不变。

多点置位位域指令、多点复位位域指令的符号如图 2-42 所示。

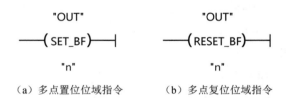

（a）多点置位位域指令　　（b）多点复位位域指令

图 2-42　多点置位位域指令、多点复位位域指令的符号

多点置位位域指令、多点复位位域指令的应用如图 2-43 所示。

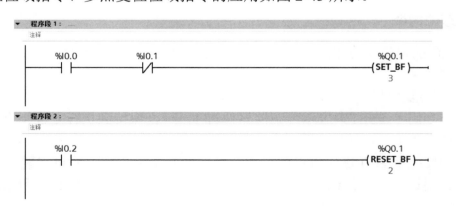

图 2-43　多点置位位域指令、多点复位位域指令的应用

例题 5：用多点置位位域指令、多点复位位域指令编制程序，要求：按下启动按钮 SB1，三台电动机 M1、M2、M3 同时启动，按下停止按钮 SB2，M1 停止，M2、M3 保持运转。

启动按钮 SB1 和停止按钮 SB2 分别对应 I0.0 和 I0.1，控制三台电动机的接触器分别对应 Q0.0、Q0.1、Q0.2。

当启动按钮 SB1 接通时，执行多点置位位域指令，因为 $n=3$，所以 Q0.0、Q0.1、Q0.2 三位同时置 1；当 I0.1 接通时，执行多点复位位域指令，因为 $n=1$，所以 Q0.0 复位为 0，Q0.1、Q0.2 仍然为 1，只有再次对 Q0.1、Q0.2 执行多点复位位域指令，才能使它们为 0。

用多点置位位域指令、多点复位位域指令控制三台电动机的程序如图 2-44 所示。

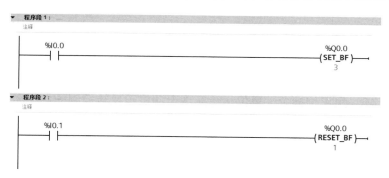

图 2-44　用多点置位位域指令、多点复位位域指令控制三台电动机的程序

例题 6：用 PLC 控制电动机的正反转。

交流接触器与按钮双重互锁正反转控制线路如图 1-36 所示，按下正转按钮 SB1，正转交流接触器 KM1 通电，电动机正转；按下反转按钮 SB2，反转交流接触器 KM2 通电，KM1 断电，电动机反转；按下停止按钮 SB3，电动机停止。

① 输入/输出接口的分配如表 2-8 所示。

表 2-8　输入/输出接口的分配 5

输 入 接 口		输 出 接 口	
输 入 元 件	地　　址	输 出 元 件	地　　址
热继电器 FR	I0.0	正转交流接触器 KM1	Q0.1
正转按钮 SB1	I0.1	反转交流接触器 KM2	Q0.2
反转按钮 SB2	I0.2		
停止按钮 SB3	I0.3		

② 绘制 PLC 外部硬件接线图，如图 2-45 所示。

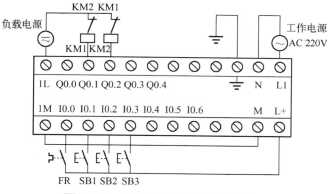

图 2-45　PLC 外部硬件接线图 1

③ 用置位指令、复位指令实现电动机正反转控制的梯形图程序如图 2-46 所示。

图 2-46　用置位指令、复位指令实现电动机正反转控制的梯形图程序

使用置位指令和复位指令时，继电器置位线圈和复位线圈可以多次出现。

（3）置位优先/复位优先触发器。

RS 是置位优先触发器，其中置位优先。若置位信号（S1）和复位信号（R）都为真，则地址 OUT 将置 1。

SR 是复位优先触发器，其中复位优先。若置位信号（S）和复位信号（R1）都为真，则地址 OUT 将置 0。

OUT 参数指定置位或复位的位地址。可选 OUT 输出，Q 反映地址 OUT 的信号状态。图 2-47 所示为置位优先触发器、复位优先触发器的符号。

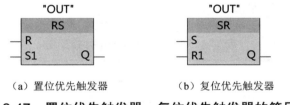

（a）置位优先触发器　　（b）复位优先触发器

图 2-47　置位优先触发器、复位优先触发器的符号

置位优先触发器、复位优先触发器的参数说明如表 2-9 所示。

表 2-9　置位优先触发器、复位优先触发器的参数说明

参　　数	说　　明
S、S1	置位输入；1 表示优先
R、R1	复位输入；1 表示优先
OUT	置位或复位的地址
Q	反映地址 OUT 的信号状态

置位优先触发器、复位优先触发器的输入和输出如表 2-10 所示。

表 2-10　置位优先触发器、复位优先触发器的输入和输出

置位优先触发器			复位优先触发器		
S1	R	Q	S	R1	Q
0	0	保持前一状态	0	0	保持前一状态

续表

置位优先触发器			复位优先触发器		
S1	R	Q	S	R1	Q
0	1	0	0	1	0
1	0	1	1	0	1
1	1	1	1	1	0

如图 2-48 所示，RS 指令盒是置位优先触发器，当置位信号（S1）和复位信号（R）同时为 1 时，指令盒上的地址 Q0.2 置位为 1，输出 Q 反映了地址 Q0.2 的状态；SR 指令盒是复位优先触发器，在置位信号（S）和复位信号（R1）同时为 1 时，指令盒上的地址 Q0.4 复位为 0，输出 Q 反映了地址 Q0.4 的状态。

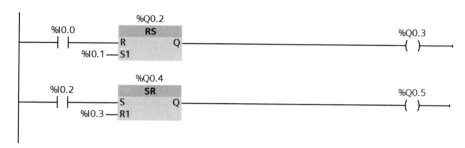

图 2-48　置位优先触发器、复位优先触发器的应用

📖 边学边练

（1）调试运行例题 5、例题 6 的梯形图程序。
（2）试将例题 1～4 的梯形图程序改为用置位指令、复位指令来实现。

二、任务实施

1. 器材准备

- PLC 实训装置 1 台。
- 装有 TIA 博途编程软件的计算机 1 台。
- PC/PPI 通信电缆 1 根。
- 导线若干。

2. 实训内容

根据任务描述所涉及的内容，编制机械手复位的梯形图程序并调试运行。

系统分析：机械手的上升、下降和左移、右移的动作均采用双电控电磁阀控制气缸完成。手爪的抓紧、松开由单电控电磁阀控制，线圈通电执行抓紧动作，线圈断电时由电磁阀弹簧自动执行松开动作。

如图 2-49 所示，机械手在初始位置时，左极限开关 SQ2、上极限开关 SQ4 接通，手爪开关 SQ5 断开，此时原位指示灯 EL1 长亮。若机械手不在初始位置，则利用复位按钮 SB3 使左移电磁阀线圈通电、上移电磁阀线圈通电、手爪电磁阀线圈断电，进行复位。机械手回到初始位置后，各电磁阀线圈断电。

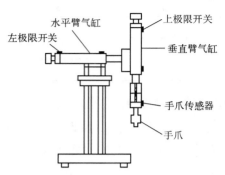

图 2-49　机械手示意图

（1）输入/输出接口的分配。

输入/输出接口的分配如表 2-11 所示。

表 2-11　输入/输出接口的分配 6

输　入　接　口		输　出　接　口	
输　入　元　件	地　　　址	输　出　元　件	地　　　址
复位按钮 SB3	I0.0	原位指示灯 EL1	Q0.0
左极限开关 SQ2	I0.1	左移/右移电磁阀 YV1	Q0.1
上极限开关 SQ4	I0.2	上升/下降电磁阀 YV2	Q0.2
手爪开关 SQ5	I0.3	手爪电磁阀 YV3	Q0.3

（2）绘制 PLC 外部硬件接线图。

PLC 外部硬件接线图如图 2-50 所示。

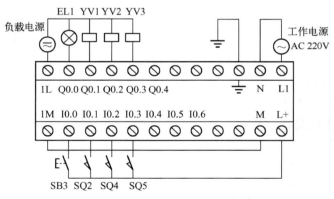

图 2-50　PLC 外部硬件接线图 2

（3）编制梯形图程序。

机械手复位的梯形图程序如图 2-51 所示。

（4）调试运行程序。

根据任务描述，完成梯形图程序的调试与运行。

① 按照输入/输出接口的分配与 PLC 外部硬件接线图，完成 PLC 主机单元与实训单元之间的接线。

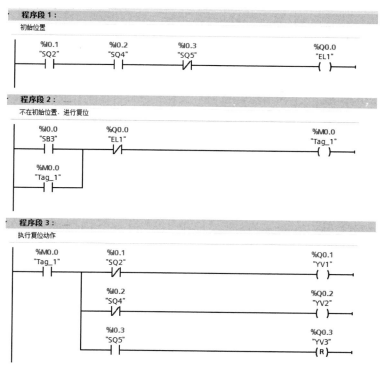

图 2-51   机械手复位的梯形图程序

② 接好计算机与 PLC 主机单元之间的通信电缆。

③ 使 PLC 接通电源。

④ 打开 PLC 的电源开关，PLC 的状态指示灯 STOP 亮。

⑤ 使用 TIA 博途编程软件编程。

⑥ 下载程序至 PLC。

⑦ 运行程序，PLC 的状态指示灯 RUN 亮。

⑧ 按照控制要求操作面板上的开关，观察实训现象，判断是否能够实现程序功能。若不能实现，则通过程序状态监控功能找出错误并对程序进行修改，重新调试，直至程序正确为止。

3. 实训记录

（1）运行机械手复位程序，记录相应动作并填写表 2-12。

表 2-12   机械手复位程序运行

操　　作	现　　象			
	原位指示灯 EL1	左移/右移电磁阀 YV1	上升/下降电磁阀 YV2	手爪电磁阀 YV3
（1）接通上极限开关、左极限开关，断开手爪开关				
（2）断开上极限开关、左极限开关				
（3）按下复位按钮				
（4）接通手爪开关				

（2）记录实训过程中出现的程序问题、接线问题及所采取的处理方法。

三、知识拓展——边沿指令

边沿指令是指用边沿触发信号产生一个扫描周期的扫描脉冲，通常用于脉冲整形。边沿信号分为脉冲上升沿 P 和脉冲下降沿 N 两类。

S7-1200 PLC 的边沿指令包括边沿检测触点指令、边沿检测线圈指令、TRIG 边沿检测指令。

1. 边沿检测触点指令

边沿检测触点指令包括上升沿检测 P 触点指令和下降沿检测 N 触点指令。

当 P 触点检测到输入脉冲的上升沿时，使能流接通一个扫描周期；当 N 触点检测到输入脉冲的下降沿时，使能流接通一个扫描周期。

图 2-52 所示为边沿检测触点指令的符号。当在分配的 IN 位上检测到上升沿（0 到 1）时，该触点的逻辑状态为 1 状态。该触点的逻辑状态随后与能流输入状态组合以设置能流输出状态。触点下面的 M_BIT 为边沿存储位，用于存储上一次扫描循环时输入 IN 位的信号的状态。通过比较输入信号当前的状态和上一次扫描循环时的状态，来检测信号的边沿。边沿存储位的地址只能在程序中使用一次，只能使用 M 存储器、全局数据块和静态变量作为边沿存储位，不能使用局部数据或 I/O 点位作为存储位。上升沿检测 P 触点指令、下降沿检测 N 触点指令可以放置在程序段中除分支、结尾外的任何位置。

（a）上升沿检测 P 触点指令　　（b）下降沿检测 N 触点指令

图 2-52　边沿检测触点指令的符号

边沿检测触点指令的应用如图 2-53 所示。如果输入信号 I0.1 由 0 状态变为 1 状态（I0.1 的上升沿），P 触点接通一个扫描周期，使 Q0.0～Q0.3 置位。M0.0 为边沿存储位，用于存储上一次扫描周期时 I0.1 的状态。如果输入信号 I0.2 由 1 状态变为 0 状态（I0.2 的下降沿），RESET_BF 的线圈接通一个扫描周期，使 Q0.0～Q0.1 复位，M0.1 为边沿存储位。

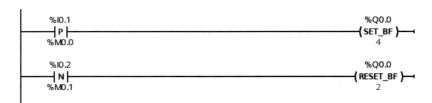

图 2-53　边沿检测触点指令的应用

2. 边沿检测线圈指令

当上升沿检测线圈在进入线圈的能流中检测到上升沿（由 0 状态变为 1 状态）时，分配的位 "OUT" 为 1 状态。能流输入状态总是通过线圈后变为能流输出状态。上升沿检测线圈指令可以放置在程序段中的任何位置。

当下降沿检测线圈在进入线圈的能流中检测到下降沿（由 1 状态变为 0 状态）时，分配的位"OUT"为 1 状态。能流输入状态总是通过线圈后变为能流输出状态。下降沿检测线圈指令可以放置在程序段中的任何位置。边沿检测线圈指令的符号如图 2-54 所示。

（a）上升沿检测线圈指令　　（b）下降沿检测线圈指令

图 2-54　边沿检测线圈指令的符号

边沿检测线圈指令的应用如图 2-55 所示。I0.0 由外部触点控制，I0.0 的常开触点闭合，能流经上升沿检测线圈和下降沿检测线圈流过 Q0.4 的线圈。在 I0.0 的上升沿，Q0.0 的常开触点闭合一个扫描周期，使 Q0.5 置位，在 I0.0 的下降沿，Q0.2 的常开触点闭合一个扫描周期，使 Q0.5 复位。

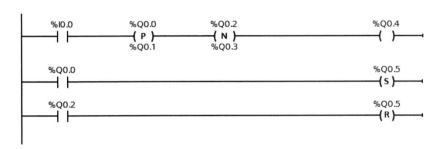

图 2-55　边沿检测线圈指令的应用的符号

3. TRIG 边沿检测指令

TRIG 边沿检测指令包括 P_TRIG 指令与 N_TRIG 指令，其符号如图 2-56 所示。

P_TRIG 指令：在 CLK 输入端的能流的上升沿，Q 端输出 1，持续一个扫描周期。

N_TRIG 指令：在 CLK 输入端的能流的下降沿，Q 端输出 1，持续一个扫描周期。

指令盒下面的"M_BIT"是脉冲存储位。在梯形图程序中，P_TRIG 指令与 N_TRIG 指令不能放在程序段的开始和结束处。

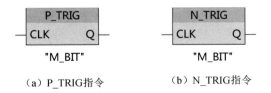

（a）P_TRIG指令　　（b）N_TRIG指令

图 2-56　TRIG 边沿检测指令的符号

TRIG 边沿检测指令的应用如图 2-57 所示。在流进 P_TRIG 指令的 CLK 输入端的能流的上升沿，Q 端输出一个扫描周期的能流，使 Q0.1 置位，指令盒下方的 M0.0 是脉冲存储位；在流进 N_TRIG 指令的 CLK 输入端的能流的下降沿，Q 端输出一个扫描周期的能流，使 Q0.2 复位，指令盒下方的 M0.1 是脉冲存储位。

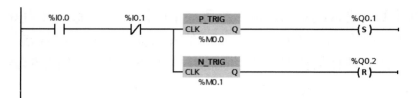

图 2-57　TRIG 边沿检测指令的应用

📖 边学边练

按照图 2-57 利用 TIA 博途编程软件编制梯形图程序，并调试运行程序。

思考与练习

（1）将由继电器–接触器控制系统实现的电动机顺序启停控制转换为由 PLC 实现控制的梯形图程序。

（2）将电动机直接启动电路转换为用 PLC 的置位指令、复位指令控制的梯形图程序。

任务三　定时器指令的使用

任务描述

物料分拣设备上电后，进入初始待机状态，各部件应在初始位置，上极限开关 SQ2、左极限开关 SQ4 接通，手爪开关 SQ5 断开，原位指示灯 EL1 长亮，若各部件不在初始位置，则原位指示灯 EL1 以亮 0.2s、灭 0.2s 的方式快速闪烁。试编制梯形图程序并完成程序的调试运行。

任务分析

若各部件不在初始位置，要求原位指示灯 EL1 以亮 0.2s、灭 0.2s 的方式闪烁，需要使用具有时间控制功能的元件，在本任务中，我们将要学习使用定时器指令进行编程，同时完成梯形图程序的调试与运行。

任务目标

- 理解定时器的意义，掌握定时器的功能并熟悉其指令格式。
- 掌握用定时器指令编程的方法。
- 进一步熟悉基本指令的使用方法。
- 了解 PLC 在工业生产过程中的应用，学会使用 PLC 系统解决实际问题。
- 能根据控制要求编制 PLC 控制程序，正确完成 PLC 外部硬件的安装接线与 PLC 控制程序的调试运行。

- 通过实践操作，引导学生弘扬劳动精神，培养其吃苦耐劳的作风、勇于探索的创新精神，增强其社会责任感。
- 通过规范操作，树立安全文明生产意识、标准意识，养成良好的职业素养，培养严谨的治学精神、精益求精的工匠精神。
- 通过小组合作完成实训任务，树立责任意识、团结合作意识，提高沟通表达能力、团队协作能力。

一、基础知识

1. 定时器的作用及分类

PLC 的定时器类似于继电器–接触器控制系统中的时间继电器，其用于延时控制。在编程时，定时器要预置时间设定值。在程序运行过程中，当输入条件被满足时，定时器的当前时间值按一定的单位增加；当定时器的当前时间值达到时间设定值时，定时器的触点动作。

定时器是 PLC 中最常用的元件之一，正确使用定时器对 PLC 程序设计非常重要。在使用 S7-1200 PLC 中的定时器时需注意，每一个定时器都需要使用一个存储在数据块中的结构来保存定时器数据，而 S7-200 PLC 中的定时器不需要。

S7-1200 PLC 中的定时器可分为脉冲定时器（TP）、通电延时定时器（TON）、断电延时定时器（TOF）和有记忆功能的通电延时定时器（TONR）4 种类型。

2. 定时器的指令格式及使用

TP、TON、TOF 和 TONR 4 种定时器的指令格式如表 2-13 所示。

定时器的指令格式有功能块和线圈两种形式，在功能块的 PT 端输入时间设定值，在线圈的下方输入时间设定值。

表 2-13　TP、TON、TOF、TONR 4 种定时器的指令格式

定时器类型	TP	TON	TOF	TONR
LAD/FBD 功能块	IEC_Timer_0 TP Time IN Q PT ET	IEC_Timer_1 TON Time IN Q PT ET	IEC_Timer_2 TOF Time IN Q PT ET	IEC_Timer_3 TONR Time IN Q R ET PT
LAD 线圈	TP_DB —(TP)— "PRESET_Tag"	TON_DB —(TON)— "PRESET_Tag"	TOF_DB —(TOF)— "PRESET_Tag"	TONR_DB —(TONR)— "PRESET_Tag"

在表 2-13 所示的功能块中，IN 是使能输入，当输入条件被满足时，定时器的当前时间值按一定的单位增加。

PT 是时间设定值输入，它的数据类型为 32 位的 Time，单位为 ms，最大定时时间为 24 天多（24d20h31m23s647ms）。

Q 是定时器的位输出。

ET 是存储定时器当前时间的输出。

R 是定时器复位输入。

各参数均可以使用 I（仅用于输入参数）、Q、M、D、L 存储区，PT 可以使用常量。

定时器可以放在程序段的中间或结束处。

3．定时器的使用

1）TP

TP 可生成具有预设宽度时间的脉冲。在脉冲输出期间，即使输入信号 IN 又出现上升沿，也不会影响脉冲输出。

IEC 定时器属于功能块，每个定时器数据均保存在配套的数据块（DB）中，S7-1200 PLC 会在使用定时器指令时自动创建该数据块。

IEC 定时器没有编号，如图 2-58（a）所示，使用定时器指令时，可以在"调用选项"对话框中修改默认的数据块的名称为"T1"来作为定时器的标识符。单击"确定"按钮，自动生成的数据块 DB（T1）如图 2-58（b）所示。

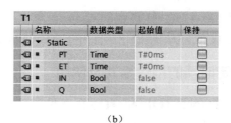

（a）　　　　　　　　　　　　　　　　（b）

图 2-58　定时器数据的存储

TP 用于将输出 Q 置位为 PT 预设的一段时间。TP 的应用如图 2-59 所示。

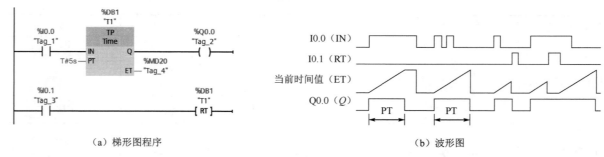

（a）梯形图程序　　　　　　　　　　　　　（b）波形图

图 2-59　TP 的应用

在输入信号 IN 的上升沿启动 T1，输出 Q 变为 1 状态，开始输出脉冲，ET 从 0 开始不断增大，达到 PT 预设的时间时，输出 Q 变为 0 状态。若输入信号 IN 为 1 状态，则保持当前时间值不变；若输入信号 IN 为 0 状态，则当前时间值变为 0。输入信号的 IN 脉冲宽度可以小于时间预设值，在脉冲输出期间，即使输入信号 IN 出现下降沿和上升沿，也不会影响脉冲的输出。

当 I0.1 为 1 状态时，定时器复位线圈 RT 通电，定时器 T1 复位。如果正在定时且输入信号 IN 为 0 状态，将使当前时间值 ET 清零，输出 Q 变为 0 状态；如果正在定时且输入信号 IN 为 1 状态，将使当前时间值清零，但是输出 Q 保持 1 状态。当复位信号 I0.1 变为 0 状态时，如果输入信号 IN 为 1 状态，将重新开始定时。

复位定时器的指令是 RT，在使用时可以用背景数据块的编号或符号名来指定需要复位的定时器，如果没有必要，可以不用复位指令。

2）TON

TON 用于将输出 Q 的置位操作延时 PT 指定的一段时间。

如图 2-60 所示，当 I0.0 由断开变为接通时，TON 在输入信号 IN 的上升沿开始定时，当 ET 大于或等于 PT 的时间设定值 3s 时，输出 Q 变为 1 状态，ET 保持不变。

当 I0.0 断开或 I0.1 接通使定时器复位线圈 RT 接通时，TON 复位，当前时间值被清零，输出 Q 变为 0 状态；CPU 进行第一次扫描时，定时器输出被清零。如果输入信号 IN 在未达到 PT 设定的时间时变为 0 状态，输出 Q 保持 0 状态不变。

当复位信号 I0.1 断开时，若 I0.0 接通，将重新开始定时。

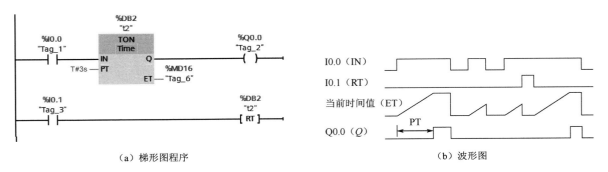

(a) 梯形图程序　　　　　　　　　　　(b) 波形图

图 2-60　TON 的应用

例题 1：设计图 2-61 所示的送料小车自动往返循环的 PLC 控制程序。要求：①送料小车从原位出发左行，到达终点后停留进行装料，20s 后返回；②送料小车返回原位后停留，进行卸料，10s 后又开始进行下一个循环；③行程开关 SQ1 和 SQ2 分别作为原位和终点的行程开关。

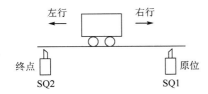

图 2-61　送料小车自动往返循环

系统分析：送料小车从原位启动，左行接触器 KM1 通电，送料小车左行，到达终点时，碰到终点行程开关 SQ2，KM1 断电，送料小车停止，装料电磁阀 YV1 通电，开始装料；20s 后，装料完毕，右行接触器 KM2 通电，送料小车右行，返回原位后，碰到原位行程开关 SQ1，KM2 断电，送料小车停止，卸料电磁阀 YV2 通电，开始卸料；10s 后又开始左行，进行下一个循环。

输入/输出接口的分配如表 2-14 所示。

表 2-14　输入/输出接口的分配 7

输 入 接 口		输 出 接 口	
输 入 元 件	地　址	输 出 元 件	地　址
左行按钮 SB1	I0.1	左行接触器 KM1	Q0.1
右行按钮 SB2	I0.2	右行接触器 KM2	Q0.2
停止按钮 SB3	I0.3	装料电磁阀 YV1	Q0.3
终点行程开关 SQ2	I0.4	卸料电磁阀 YV2	Q0.4
原位行程开关 SQ1	I0.5		

送料小车自动往返循环的梯形图程序如图 2-62 所示。

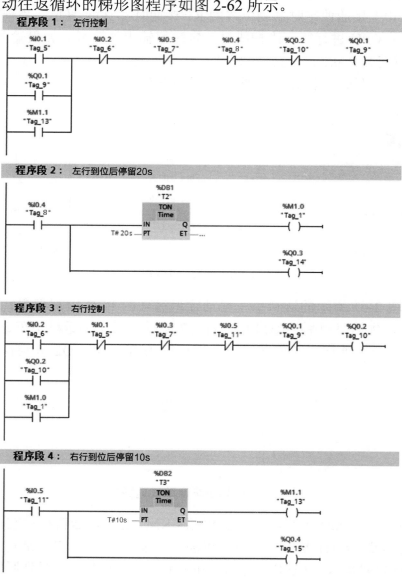

图 2-62　送料小车自动往返循环的梯形图程序

3）TOF

TOF 用于定时器断电后的延时。

图 2-63 所示为 TOF 的应用。TOF 用于将输出 Q 的复位操作延时 PT 指定的一段时间。

当 IN 输入电路接通时，输出 Q 为 1 状态，当前时间值被清零。在输入信号 IN 的下降沿开始定时，ET 从 0 开始逐渐增大。当 ET 等于时间设定值时，输出 Q 变为 0 状态，当前时间值保持不变，直到 IN 输入电路接通。

如果 ET 未达到 PT 预置的时间设定值，输入信号 IN 就变为 1 状态，ET 被清零，输出 Q 保持 1 状态不变。当复位线圈 RT 通电时，若输入信号 IN 为 0 状态，则定时器复位，当前时间值被清零，输出 Q 变为 0 状态。若复位时输入信号 IN 为 1 状态，则复位信号不起作用。

例题 2: 图 2-64 所示为灯塔之光，L1~L8 为指示灯，编制控制指示灯点亮的 PLC 程序，要求：接通开关 S，2s 后 L1 点亮，又经过 2s，L2~L4 同时点亮，再经过 2s，L5~L8 同时点亮；断开开关 S，3s 后 L1 熄灭，又经过 3s，L2~L4 同时熄灭，再经过 3s，L5~L8 同时熄灭。

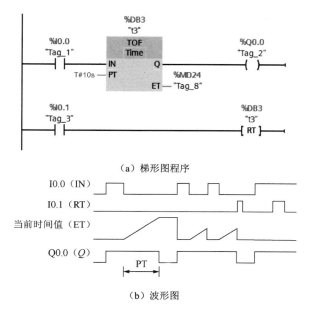

图 2-63 TOF 的应用   图 2-64 灯塔之光

系统分析：系统的启停由开关 S 控制，作为输入元件；指示灯为输出元件；顺序点亮与熄灭的间隔时间用 6 个定时器计时。点亮时用 TON，熄灭时用 TOF。

输入/输出接口的分配如表 2-15 所示。

表 2-15 输入/输出接口的分配 8

输 入 接 口		输 出 接 口	
输 入 元 件	地 址	输 出 元 件	地 址
启动开关 S	I0.0	指示灯 L1	Q0.0
		指示灯 L2~L4	Q0.1
		指示灯 L5~L8	Q0.2

灯塔之光的梯形图程序如图 2-65 所示。

4）TONR

TONR 又称为时间累加器，可用于累计输入电路接通的时间。

TONR 的应用如图 2-66 所示。当 IN 输入电路接通时开始定时，当 IN 输入电路断开时，累计的当前时间值保持不变。当累计时间等于 PT 预置的时间设定值时，输出 Q 变为 1 状态。

当复位输入 R 为 1 状态时，TONR 复位，它的当前时间值 ET 变为 0，输出 Q 变为 0 状态。

当 "加载持续时间" 线圈 PT 通电时，将其指定的时间设定值写入 TONR 的数据块的静态变量 PT（"T4".PT）。用 R 端复位 TONR 时，"T4".PT 也被清零。

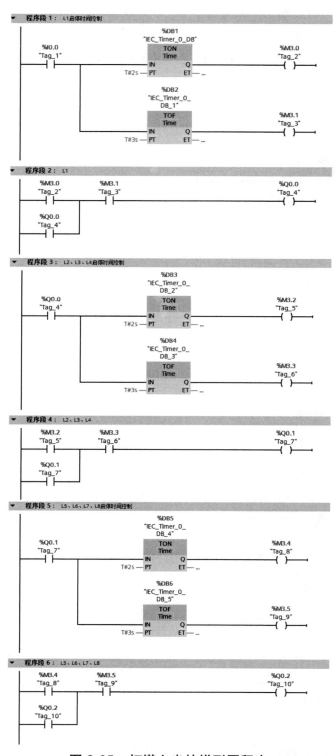

图 2-65　灯塔之光的梯形图程序

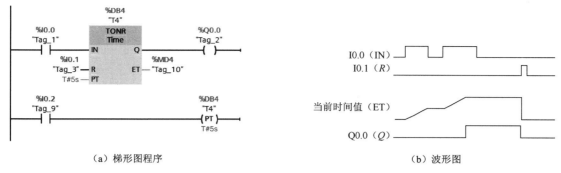

（a）梯形图程序　　　　　　　　　　（b）波形图

图 2-66　TONR 的应用

📖 边学边练

（1）若用 PLC 对图 1-53 所示的自动切换的星-三角降压启动电路进行控制，编制其梯形图程序，并调试运行。

（2）图 2-67 所示为一段包含 3 种定时器的程序，试运行这段程序，观察运行情况。

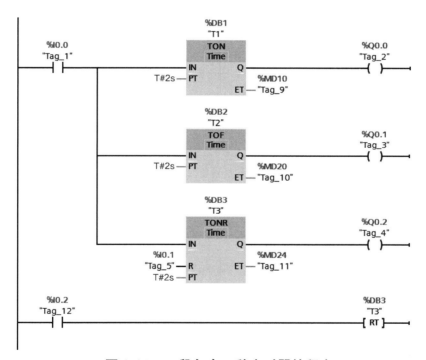

图 2-67　一段包含 3 种定时器的程序

二、任务实施

1. 器材准备

- PLC 实训装置 1 台。
- 装有 TIA 博途编程软件的计算机 1 台。
- PC/PPI 通信电缆 1 根。
- 导线若干。

2. 实训内容

根据任务描述所涉及的内容，编制 PLC 控制程序并调试运行。

系统分析：

物料分拣设备上电后，若各部件在初始位置，则原位指示灯 EL1 长亮，而上极限开关 SQ2、左极限开关 SQ4 接通，手爪开关 SQ5 断开；若各部件不在初始位置，则上极限开关 SQ2 或左极限开关 SQ4 断开，或手爪开关 SQ5 接通，原位指示灯 EL1 以亮 0.2s、灭 0.2 s 的方式循环闪烁。

编程步骤及参考程序如下。

（1）输入/输出接口的分配。

输入/输出接口的分配如表 2-16 所示。

表 2-16　输入/输出接口的分配 9

输 入 接 口		输 出 接 口	
输 入 元 件	地　　址	输 出 元 件	地　　址
上极限开关 SQ2	I0.1	原位指示灯 EL1	Q0.1
左极限开关 SQ4	I0.2		
手爪开关 SQ5	I0.3		

（2）绘制 PLC 外部硬件接线图。

PLC 外部硬件接线图如图 2-68 所示。

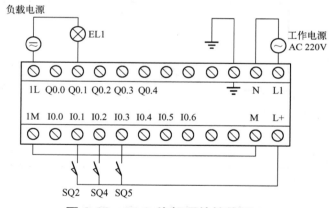

图 2-68　PLC 外部硬件接线图 3

（3）编制 PLC 控制程序。

用定时器实现机械手复位的 PCL 控制程序如图 2-69 所示。

（4）调试运行程序。

根据任务要求，完成程序的调试与运行。

① 按照输入/输出接口的分配与 PLC 外部硬件接线图，完成 PLC 主机单元与实训单元之间的接线。

② 接好计算机与 PLC 主机单元之间的通信电缆。

③ 使 PLC 接通电源。

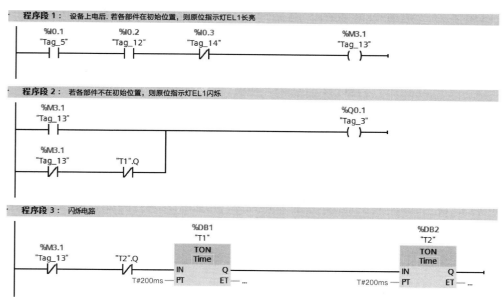

图 2-69   用定时器实现机械手复位的 PLC 控制程序

④ 打开 PLC 的电源开关，PLC 的状态指示灯 STOP 亮。

⑤ 使用 TIA 博途编程软件编程。

⑥ 下载程序至 PLC。

⑦ 运行程序，PLC 的状态指示灯 RUN 亮。

⑧ 按照控制要求操作面板上的开关，观察实训现象，判断是否能够实现程序功能。若不能实现，则通过程序状态监控功能找出错误并对程序进行修改，重新调试，直至程序正确为止。

📖 边学边练

（1）调试运行例题 1、例题 2 的梯形图程序。

（2）编制 3 盏灯点亮的 PLC 控制程序并调试运行。要求：按下启动按钮后，3 盏灯同时点亮，经过 3s，其中 2 盏灯自动熄灭；按下停止按钮，第 3 盏灯经过 1s 熄灭。

3. 实训记录

（1）描述实训现象和工作原理。

（2）记录实训过程中出现的程序问题、接线问题及所采取的处理方法。

三、知识拓展——S7-1200 PLC 的基本存储单元

1）位

位（bit）是计算机存储数据的最小单位。二进制数的 1 个位有 0 和 1 两种取值，用于表示开关量（或称为数字量）的两种状态。该位是 1 表示梯形图程序中对应编程元件的线圈"通电"，其常开触点接通，常闭触点断开，称该编程元件为 TRUE 或 1 状态；该位是 0 表示对应编程元件的线圈和触点的状态与上述相反，称该编程元件为 FALSE 或 0 状态。

数字可以用多位二进制数来表示，遵循逢 2 进 1 的运算规则。每一位都有一个权值，最右位为最低位，从右往左权值依次升高，第 n 位的权值为 2^n。例如，二进制数 1101，它的最低位为 1，对应的十进制数为

$$1\times2^3+1\times2^2+0\times2^1+1\times2^0=13$$

2）字节、字与双字

PLC 与计算机类似，其指令和数据也是按照存储单元存放在相应的存储器中的。存储器容量以字节（Byte）为基本单位，8 个二进制位组成一个字节，其中第 0 位为最低位（LSB），第 7 位为最高位（MSB），如图 2-70 所示。

S7-1200 PLC 位存储单元的地址由字节地址和位地址组成，例如，输入字节 IB3 由 I3.0～I3.7 这 8 个位组成，对于 I3.5，I 为区域标识符，表示输入继电器，字节地址为 3，位地址为 5，如图 2-71 所示。

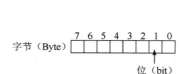

图 2-70　字节与位

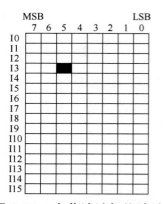

图 2-71　字节地址与位地址

相邻的两个字节组成一个字（Word），如 QW0 是由 QB0 和 QB1 组成的一个字，0 是起始字节的地址，QB0 是高位字节。

相邻的两个字组成一个双字（Double Word），即一个双字由相邻的 4 个字节组成，如 MB100～MB103 组成双字 MD100，100 是起始字节的地址，MB100 是最高位字节，如图 2-72 所示。

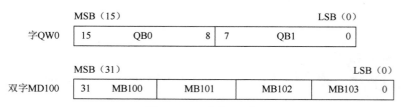

图 2-72　字与双字

思考与练习

（1）编制用两个定时器组合实现润滑 10min 间歇 5min 的 PLC 控制程序，完成 PLC 外部硬件的安装接线及程序的调试运行。

（2）图 2-73 所示为自动装车系统的示意图，试编制 PLC 控制程序。控制要求：

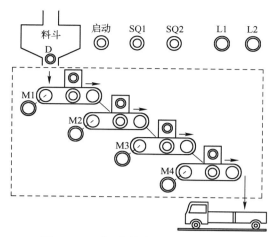

图 2-73　自动装车系统的示意图

① 在初始状态下，红灯 L2 亮，绿灯 L1 灭，出料阀 D 关闭，电动机 M1、M2、M3、M4 均为关闭状态。

② 打开"启动"开关，绿灯 L1 亮，红灯 L2 灭，表明允许汽车开进仓库装料；当汽车到来时，将限位开关 SQ1 置为 ON，红灯 L2 亮，绿灯 L1 灭，同时启动电动机 M4，经过 1s，启动 M3，再经过 2s，启动 M2，再经过 1s，启动 M1，再经过 1s，打开出料阀 D，物料经料斗出料。

③ 当车装满时，将限位开关 SQ2 置为 ON，出料阀关闭，1s 后 M1 停止，M2 在 M1 停止 1s 后停止，M3 在 M2 停止 1s 后停止，M4 在 M3 停止 1s 后停止。同时红灯 L2 灭，绿灯 L1 亮，表明汽车可以开走。

④ 关闭"启动"开关，自动装车系统停止运行。

任务四　计数器指令的使用

任务描述

在物料分拣设备上，如果分拣出的金属工件达到 6 个，那么传送带停止运行，物料分拣设备进行打包处理，5s 之后自动进入下一个周期，传送带恢复运行。试编制梯形图程序并完成程序的调试运行。

任务分析

在生产线等机电设备控制等方面，经常遇到对工件、产品的数量进行统计的情况，这就要用到 PLC 的计数功能。本任务需要使用 PLC 的计数器进行编程。

任务目标

- 理解计数器的意义，掌握计数器的功能并熟悉其指令格式。
- 掌握用计数器编程的方法。

- 进一步熟悉基本指令的使用方法。
- 了解 PLC 在工业生产过程中的应用,学会使用 PLC 系统解决实际问题。
- 能根据控制要求编制 PLC 控制程序,正确完成 PLC 外部硬件的安装接线与程序调试运行。
- 通过实践操作,引导学生弘扬劳动精神,培养其吃苦耐劳的作风、勇于探索的创新精神,增强其社会责任感。
- 通过规范操作,树立安全文明生产意识、标准意识,养成良好的职业素养,培养严谨的治学精神、精益求精的工匠精神。
- 通过小组合作完成实训任务,树立责任意识、团结合作意识,提高沟通表达能力、团队协作能力。

一、基础知识

1. 系统存储器和时钟存储器

S7-1200 PLC 的 CPU 中设置有特殊位存储器,其具有特殊功能或用于存储系统的状态变量、有关的控制参数和信息。其标志位提供大量的状态和特殊的控制功能,在 PLC 和用户程序之间起交换信息的作用。S7-1200 PLC 的 CPU 中有系统存储器和时钟存储器两种,这两种存储器只能使用触点,不能使用线圈,其启用如图 2-74 所示。

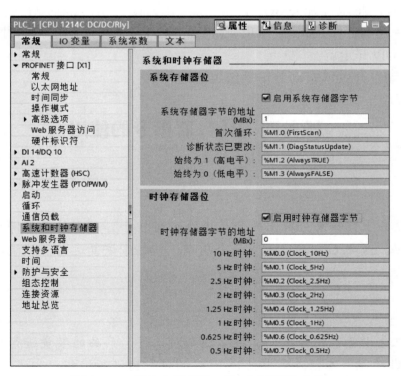

图 2-74 系统存储器和时钟存储器的启用

系统存储器字节的默认地址是 MB1,时钟存储器字节的默认地址为 MB0,也可以修改系统存储器字节和时钟存储器字节的地址。启用时需要勾选"常规"选项卡"系统和时钟存储器"界面"系统存储器位"选区中的"启用系统存储器字节"复选框和"时钟存储器位"选区中的"启用时钟存储器字节"复选框。但一旦指定了系统存储器字节和时钟存储器字节后，这个字节就不能用于其他用途了，否则会在程序运行时出现错误。例如，M1.0 是初始化脉冲，该位在 PLC 首次扫描时（第一个周期）为 1，以后为 0，属于只读型。

时钟脉冲是一个周期内 0 和 1 各占一半的方波信号，如 M0.5 提供了一个周期为 1s 的时钟脉冲，0.5s 为 1，0.5s 为 0。

例题 1：编制报警闪烁电路的梯形图程序，控制要求：报警灯报警闪烁时亮 0.5s，灭 0.5s。

在进行设备组态时，对 PLC 属性进行设置，启用系统存储器字节和时钟存储器字节，设置地址 M0.5 为 1s 时钟脉冲，0.5s 为 1，0.5s 为 0。报警闪烁电路的梯形图程序如图 2-75 所示。

图 2-75　报警闪烁电路的梯形图程序

2. 计数器的作用及分类

计数器是用于记录脉冲信号个数的内部器件，根据输入的脉冲信号上升沿（从 0 状态到 1 状态）累计脉冲个数。计数器输入的脉冲信号出现一次上升沿，计数器就计数一次。

S7-1200 PLC 的 CPU 提供了 3 种类型的计数器，分别为加计数器（CTU）、减计数器（CTD）和加减计数器（CTUD）。在使用 S7-1200 PLC 中的计数器时，每个计数器需要使用一个存储在数据块中的结构来保存计数器数据。在程序编辑器中放置计数器即可分配该数据块，可以采用默认设置，也可以手动设置。

3. 计数器的指令格式及使用

计数器的指令格式如表 2-17 所示，它在梯形图程序中以指令盒的形式出现。计数器有以下 6 个要素。

表 2-17　计数器的指令格式

计数器类型	CTU	CTD	CTUD
梯形图（LAD）	"CTU_DB" CTU INT CU R　CV PV　Q	"CTD_DB" CTD INT CD LD　CV PV　Q	"CTUD_DB" CTUD INT CU CD R　QD LD　CV PV　QU

① 类型。计数器的类型有 3 种，即 CTU、CTD、CTUD。

② 使能端 CU/CD，即计数器计数脉冲的输入端。CU 为增 1 计数脉冲输入端，CD 为减 1 计数脉冲输入端。

③ 预置值 PV。

④ 复位输入端 R/LD。复位输入端用于对计数器复位。R 为 CTU 和 CTUD 的复位输入端，LD 为 CTD 的复位输入端。

⑤ 当前计数值 CV。其值是一个存储单元，用于存储计数器当前所累计的脉冲个数，当程序运行时，当前计数值不断变化，直到达到指定的数据类型的上限值，CV 不再增加。

⑥ 计数器位 Q/QD/QU。计数器位和继电器一样是一个开关量，表示计数器是否发生动作的状态。当计数器的当前计数值达到预置值时，该位被置位为 1。

1）CTU

CTU 在每一个计数脉冲 CU 的上升沿递增计数。当计数脉冲 CU 从 0 状态变为 1 状态（上升沿）时，当前计数值 CV 增 1 计数，直至达到所指定数据类型的上限值（Int 型数据的上限值为 32767）。当当前计数值大于或等于预置值 PV 时，将输出 Q 置位为 1；当复位输入端 R 接通时，计数器复位（输出 Q 变为 0 状态，CV 被清零）。

CTU 的应用如图 2-76 所示。

例题 2： 编制生产线上包装计数的 PLC 控制程序。生产线上用传感器检测通过的产品的个数，以 10 个为一组对产品进行包装。每 10 个产品通过，PLC 便产生一个输出信号，接通包装电磁阀 5s，以进行包装工序。

系统分析：每检测到一个产品在生产线上通过，传感器 S 就接通一次，向 PLC 发送一个计数脉冲，由计数器进行计数。当通过 10 个产品时，达到计数器预置值 10，PLC 便产生一个输出信号，使包装电磁阀 YV 通电，开始包装工序。同时定时器开始计时，达到定时器设定值 50，包装完成，包装电磁阀 YV 断电。

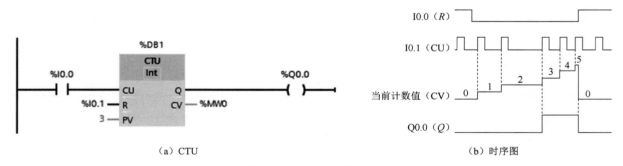

（a）CTU   （b）时序图

图 2-76 CTU 的应用

输入/输出接口的分配如表 2-18 所示。

表 2-18 输入/输出接口的分配 10

输 入 接 口		输 出 接 口	
输 入 元 件	地 址	输 出 元 件	地 址
传感器 S	I0.0	包装电磁阀 YV	Q0.0

包装计数的梯形图程序如图 2-77 所示。

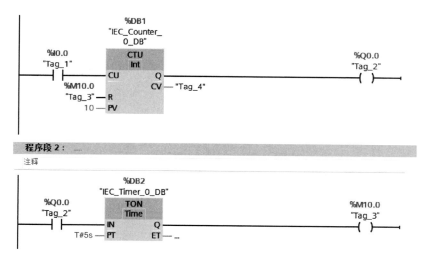

图 2-77 包装计数的梯形图程序

2）CTD

CTD 在每一个计数脉冲 CD 的上升沿从预置值开始递减计数。当计数脉冲 CD 从 0 状态变为 1 状态（上升沿）时，当前计数值 CV 减 1 计数，直至达到所指定数据类型的下限值（Int 型数据的下限值为 -32768）。当当前计数值小于或等于 0 时，将输出 Q 置位为 1；当复位输入端 LD 接通时，计数器复位（输出 Q 被复位为 0，并把预置值 PV 装入 CV）。

CTD 的应用如图 2-78 所示。

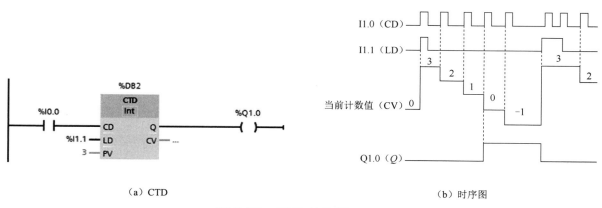

（a）CTD　　　　　　　　　　　（b）时序图

图 2-78 CTD 的应用

例题 3：编制喷泉状霓虹灯的梯形图程序。图 2-79 所示为喷泉状霓虹灯，当 SD 为 ON 时，LED 指示灯按照 1、2、3→4、5、6→7、8 的顺序间隔 1s 依次点亮，当都点亮后，所有 LED 指示灯同时闪烁 3 次（闪烁频率为 1Hz），然后按上述动作循环。当 SD 为 OFF 时，LED 指示灯停止显示，系统停止工作。

系统分析：本例题中 LED 指示灯的顺序点亮可以用基本指令和计数器实现，所有 LED 指示灯闪烁需要利用时钟存储器与计数器配合实现。此处我们用 CTD 编程。

输入/输出接口的分配如表 2-19 所示。

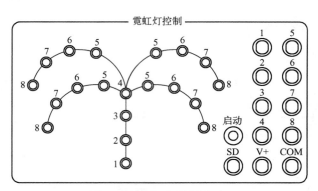

图 2-79　喷泉状霓虹灯

表 2-19　输入/输出接口的分配 11

输 入 接 口		输 出 接 口	
输 入 元 件	地　址	输 出 元 件	地　址
SD	I0.0	LED 指示灯 1、2、3	Q0.0
		LED 指示灯 4、5、6	Q0.1
		LED 指示灯 7、8	Q0.2

喷泉状霓虹灯的梯形图程序如图 2-80 所示。

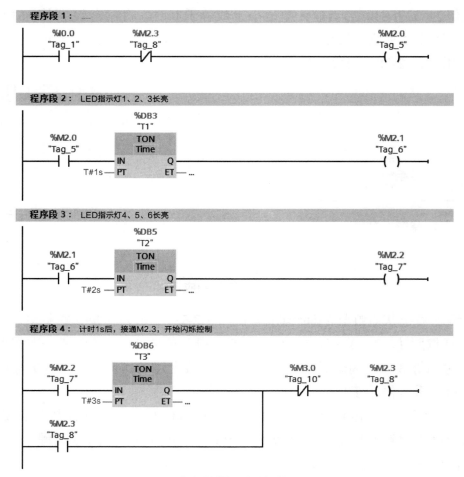

图 2-80　喷泉状霓虹灯的梯形图程序 1

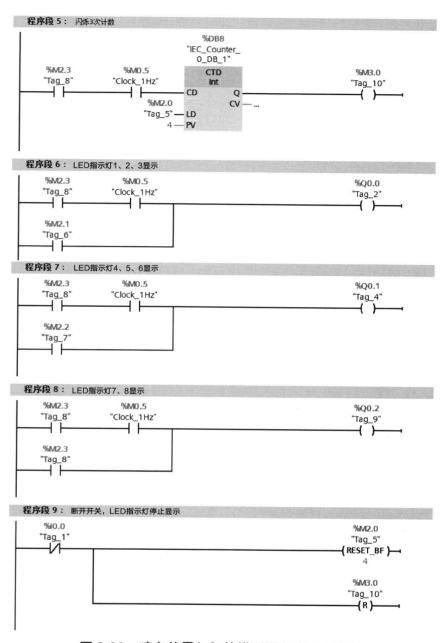

图 2-80　喷泉状霓虹灯的梯形图程序 1（续）

3）CTUD

CTUD 在每一个计数脉冲 CU 的上升沿，使当前计数值 CV 增 1 计数，直至其达到上限值；在每一个计数脉冲 CD 的上升沿，使当前计数值 CV 减 1 计数，直至其达到下限值。

当前计数值 CV 大于或等于预置值 PV 时，输出 QU 为 1 状态，反之为 0 状态。CV 小于或等于 0 时，输出 QD 为 1 状态，反之为 0 状态。

当复位输入端 LD 接通时，CV 将被设置为预置值 PV，计数脉冲 CU 和 CD 的信号状态不会影响该指令。

当复位输入端 R 接通时，CV 将被设置为 0，计数脉冲 CU、CD 和复位信号 LD 的状态不会影响该指令。

CTUD 的应用如图 2-81 所示。

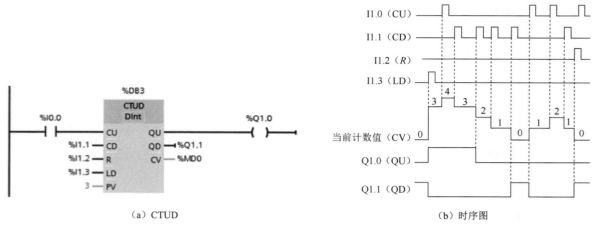

(a) CTUD   (b) 时序图

图 2-81   CTUD 的应用

例题 4： 设计闯关游戏机（见图 2-82）的梯形图程序。

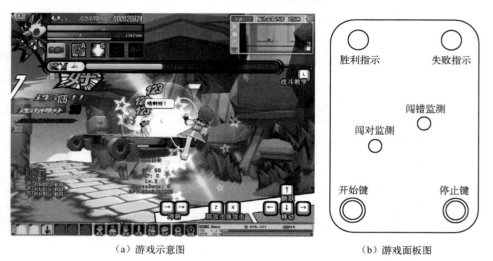

（a）游戏示意图   （b）游戏面板图

图 2-82   闯关游戏机

设计一个闯关游戏机程序，规则如下：按下开始键 SB1，游戏开始；按下停止键 SB2，游戏结束。游戏开始后，如果操作正确，每闯过一关（用传感器 SQ1 监测）积 1 分；如果操作错误，碰到"雷区"（用传感器 SQ2 监测）减 1 分。在 2min 内积够 5 分为胜利，否则为失败。若闯关胜利，则绿灯亮；若闯关失败，则红灯闪烁（亮 0.5s、灭 0.5s）。若要再次玩游戏，需重新按下开始键，若游戏中不想玩了，按下停止键即可。

输入/输出接口的分配如表 2-20 所示。

表 2-20   输入/输出接口的分配 12

输 入 接 口			输 出 接 口		
输 入 元 件	地　址	作　用	输 出 元 件	地　址	作　用
开始键 SB1	I0.0	游戏开始	EL1	Q0.0	闯关胜利指示
停止键 SB2	I0.1	游戏停止	EL2	Q0.1	闯关失败指示
传感器 SQ1	I0.2	闯对监测			
传感器 SQ2	I0.3	闯错监测			

闯关游戏机的梯形图程序如图 2-83 所示。

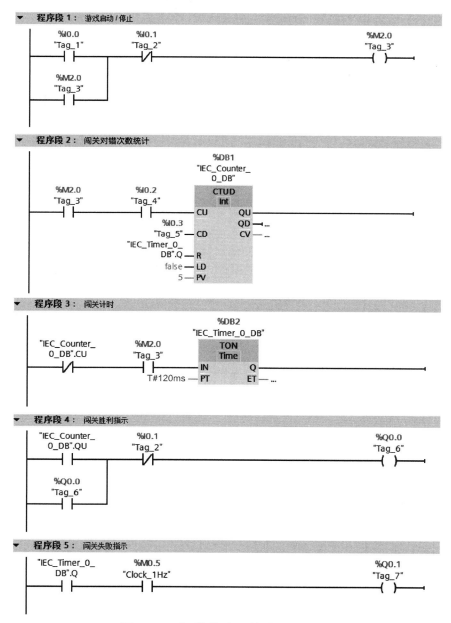

图 2-83　闯关游戏机的梯形图程序

📖 边学边练

在 PLC 实训装置上对例题 1～4 的梯形图程序进行练习，如果没有相应的 PLC 实训装置或实训模块，其中一些输入元件（如传感器）可以用按钮、开关代替，显示元件可用指示灯代替。

二、任务实施

1. 器材准备

• PLC 实训装置 1 台。

- 装有 TIA 博途编程软件的计算机 1 台。
- PC/PPI 通信电缆 1 根。
- 导线若干。

2. 实训内容

根据任务描述所涉及的内容，编制 PLC 控制程序并完成程序调试运行。

系统分析：物料分拣设备采用计数器计数，如果分拣出的金属工件达到 6 个，则计数器计数 6 次，传送带停止运行 5s 之后自动进入下一个周期，传送带恢复运行。

编程步骤及参考程序如下。

（1）输入/输出接口的分配。

输入/输出接口的分配如表 2-21 所示。

表 2-21 输入/输出接口的分配 13

输 入 接 口			输 出 接 口		
输 入 元 件	地 址	作 用	输 出 元 件	地 址	作 用
S1	I0.1	（传感器 2）检测传送带上有无工件	KM	Q0.1	控制传送带电动机
S2	I0.2	（传感器 3）检测金属工件			

（2）绘制 PLC 外部硬件接线图。

PLC 外部硬件接线图如图 2-84 所示。说明：S1、S2 所用传感器均为两线制的，如果没有传感器，也可用按钮代替。

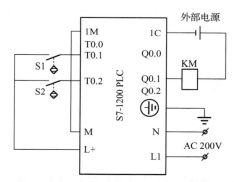

图 2-84 PLC 外部硬件接线图 4

（3）编制梯形图程序。

物料分拣的梯形图程序如图 2-85 所示。

（4）调试运行程序。

根据控制要求完成程序的调试与运行。

① 按照输入/输出接口的分配与 PLC 外部硬件接线图，完成 PLC 主机单元与实训单元之间的接线。

② 接好计算机与 PLC 主机单元之间的通信电缆。

③ 使 PLC 接通电源。

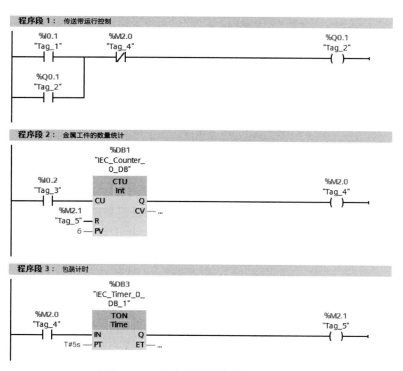

图 2-85　物料分拣的梯形图程序

④ 打开 PLC 的电源开关，PLC 的状态指示灯 STOP 亮。

⑤ 使用 TIA 博途编程软件编程。

⑥ 下载程序至 PLC。

⑦ 运行程序，PLC 的状态指示灯 RUN 亮。

⑧ 按照控制要求操作面板上的开关，观察实训现象，判断是否能够实现程序功能。若不能实现，则通过程序状态监控功能找出错误并对程序进行修改，重新调试，直至正确为止。

3. 实训记录

（1）描述实训现象和工作原理。

（2）记录实训过程中出现的程序问题、接线问题及所采取的处理方法。

三、知识拓展——传感器与 S7-1200 PLC 的接线方法

在实际工程应用中，经常用到的传感器有两线制传感器、三线制传感器和五线制传感器。在传感器与 PLC 连接时要注意接线要求，否则可能会烧毁元器件或者导致传感器无法正常工作。

（1）无源触点元件及两线制传感器等可按照图 2-86 进行接线。

（2）如果传感器为有源传感器，如图 2-87 和图 2-88 中的 SQ2、SQ3，那么在接线时需要考虑电源正负极，棕色线接正极（L＋），蓝色线接负极（PLC 输入端），如图 2-87 和图 2-88 所示。

注意：输入端接线时，可用 PLC 本身提供的 DC 24V 电源，也可用外部提供的 DC 24V 电源。但由于 PLC 本身提供的 DC 24V 电源容量有限，当使用传感器等耗能元器件过多时，

应注意使用外部电源，还要注意警告内容。

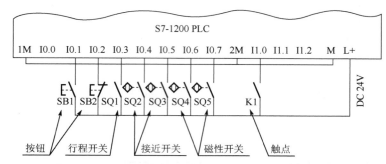

图 2-86　无源触点元件及两线制传感器的接线

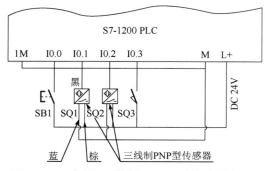

图 2-87　有源三线制 PNP 型传感器接线

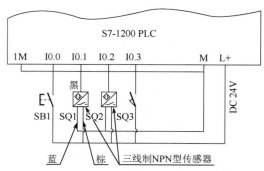

图 2-88　有源三线制 NPN 型传感器接线

📖 边学边练

> 如果物料分拣设备上用的是有源三线制 NPN 型传感器，PLC 外部硬件接线图该怎么画？如果用的是有源三线制 PNP 型传感器，PLC 外部硬件接线图该怎么画？

思考与练习

（1）如果一个计数器的最大计数值是 32767，那么要计数 200000 该怎么实现？试编制出该程序。

（2）用定时器和计数器组合设计一个延时 10h 30min 的梯形图程序。

（3）编制一个实现指示灯亮灭的 PLC 控制程序，要求：按下启动按钮，指示灯立即点亮；按下停止按钮，指示灯闪烁 3 次后熄灭。

任务五　顺序控制设计法的使用

┃ **任务描述** ┈┈┈┈┈┈┈┈┈┈┈┈┈┈┈┈┈┈┈┈┈┈┈┈┈┈┈┈┈┈┈┈┈┈┈●

在物料分拣设备中，机械手用于将工件从工作台搬送到传送带上。上电时，机械手处在初始位置（见图 2-89），机械手的水平臂在左极限位置，垂直臂缩回在上极限位置，原位指示灯 HL1 亮。各运动极限位置分别用磁性位置开关或接近开关来检测：下极限位置用 SQ1、上极限位置用 SQ2、右极限位置用 SQ3、左极限位置用 SQ4。

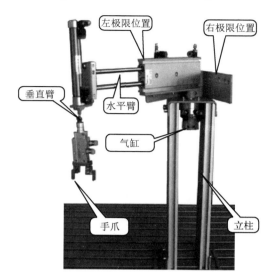

图 2-89　机械手

　　按下启动按钮 SB1，机械手开始从初始位置按以下顺序进行动作：垂直臂下降→夹紧工件 3s→垂直臂上升→水平臂右移→垂直臂下降→松开工件 2s→垂直臂上升→水平臂左移，回到初始位置后，再次循环运行。按下停止按钮 SB2，机械手先把工件放到传送带上后再返回到初始位置停止。

　　试编制梯形图程序并完成程序的调试运行。

任务分析

　　机械手的动作是按照一定的步骤或顺序一步一步进行的。在工程实际应用中，类似机械手这样有严格步骤的例子很多，有时还会出现并发顺序或选择顺序，以及跳转、循环等复杂情况，如交通灯、音乐喷泉、电动机顺序启停、生产线工序的控制等，仅用前面所述的一般逻辑控制指令编制程序很麻烦。采用顺序控制设计法来编制程序不仅很容易被初学者接受，对于有经验的工程师来说，还能提高设计效率。另外，运用这种方法进行程序的调试、修改和阅读会很方便。本任务采用顺序控制设计法解决问题。

任务目标

- 理解顺序控制设计法。
- 掌握顺序功能图的设计方法和基本类型。
- 了解 PLC 在工业生产过程中的应用，学会使用 PLC 系统解决实际问题。
- 能根据控制要求编制 PLC 控制程序，正确完成 PLC 外部硬件的安装接线与程序的调试运行。
- 通过实践操作，引导学生弘扬劳动精神，培养其吃苦耐劳的作风、勇于探索的创新精神，增强其社会责任感。
- 通过规范操作，树立安全文明生产意识、标准意识，养成良好的职业素养，培养严谨的治学精神、精益求精的工匠精神。

• 通过小组合作完成实训任务，树立责任意识、团结合作意识，提高沟通表达能力、团队协作能力。

一、基础知识

1. 顺序控制设计法与顺序功能图

1）顺序控制设计法简介

20 世纪 80 年代，法国科技人员发明了顺序控制设计法，该方法是用一种图形化的功能性语言（顺序功能图）来设计工业顺序控制程序的。现在大部分基于 IEC 61131-3（IEC 制定的工业控制编程语言标准）编程的 PLC 都支持顺序功能图，可用顺序功能图直接编程，如西门子 S7-300/400 PLC。

但不基于 IEC 61131-3 编程的 PLC 不能用顺序功能图直接编程，如西门子 S7-200/1200 PLC，它需要先根据控制要求设计出顺序功能图，然后将其用顺序功能图指令转化成梯形图程序，才能被 PLC 认可。

2）顺序功能图

顺序功能图又称为功能流程图或状态转移图，它是一种描述顺序控制系统的图形表示方法，是一种专用于工业顺序控制程序设计的功能性说明语言。它能完整地描述顺序控制系统的工作过程，是分析、设计工业顺序控制程序的重要工具。当程序中包含必须重复执行的操作时，采用这种方法可使编程变得简单、容易。

顺序功能图主要由"步"、"动作"及"转移条件"组成。在顺序功能图中，一般应由步和有向线段组成闭环。图 2-90 所示为由 4 个步构成的顺序功能图。

（1）步。

步也称为状态，可以把一个工作循环周期划分成若干个阶段。步一般用在矩形框中写上该步的编号或代码来表示。

初始步是顺序功能图运行的起点，一个顺序控制系统至少有一个初始步。初始步的图形符号为双线矩形框，在实际使用时，有时也画成单线矩形框。

工作步是顺序控制系统正常运行时的状态，如机械手复位是一种步，机械手夹持工件也是一种步，图 2-90 中的 1、2、3 就是三种步。

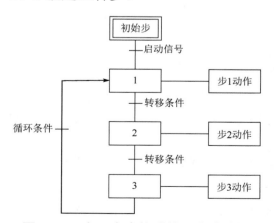

图 2-90　由 4 个步构成的顺序功能图

动作是与步对应的，在每个稳定的步下，一般会有相应的动作（也可以没有动作）。动作用矩形框或圆括号加文字或符号表示。当系统的某一步处于活动状态时，相应的动作被执行；当系统的某一步处于不活动状态时，相应的非存储性动作被停止执行或不执行。

若当程序执行到某步时，该步处于活动状态，则称其为活动步，状态位置 1，其余步的状态位为 0。控制系统开始的活动步与系统初始状态相对应，称为初始步。

（2）转移。

从一个步转到另一个步称为转移。转移用一个有向线段表示，两个步之间的有向线段上再用一段横线表示这一转移。

转移条件是指使系统从一个步向另一个步转移的必要条件，通常在转移的短横线旁边用文字、逻辑方程及符号表示。

要实现转移，必须同时满足两个条件：该转移的前级步必须是活动步；相应的转移条件得到满足。

转移时应完成两个操作：后续步变为活动步；前级步变为不活动步。

3）顺序功能图的绘制规则

顺序功能图的绘制必须满足以下规则。

① 步与步不能直接相连，必须用转移分开。

② 转移与转移不能直接相连，必须用步分开。

③ 步与转移、转移与步之间的连接采用有向线段，从上向下画时，可以省略箭头；当有向线段从下向上画时，必须画上箭头，以表示方向。

④ 一个顺序功能图至少有一个初始步。

2. 顺序功能图的类型及其应用

在工程实际应用中，常用的顺序功能图有单序列结构、选择分支结构、并行序列结构、跳转和循环结构，以及混合结构几种类型。

1）单序列结构

单序列结构的顺序功能图是最简单的顺序功能图，每一步后面只有一个转移，每个转移后面只有一步。各个步按顺序执行，上一步执行结束，转移条件成立，立即开始执行下一步，同时关断上一步。图 2-90 所示的顺序功能图就是单序列结构的顺序功能图。

例题 1：十字路口交通灯的布置如图 2-91 所示，其运行要求如图 2-92 所示，请设计 PLC 外部硬件接线，编制 PLC 控制程序，并在 PLC 实训装置上完成 PLC 外部硬件的安装接线及程序的调试运行。

系统分析：这是有多个时间顺序的控制系统。在东西红灯亮 25s 期间，南北绿灯先亮 20s，再闪烁 3s 后灭，接着南北黄灯亮 2s；然后转为南北红灯亮 25s，东西绿灯先亮 20s，再闪烁 3s 后灭，接着东西黄灯亮 2s，完成一个周期。按照这个规律循环进行，假设只用一个控制开关对系统进行启停控制。

为便于理解，上述分析可以用工作时序图来表示，如图 2-93 示。

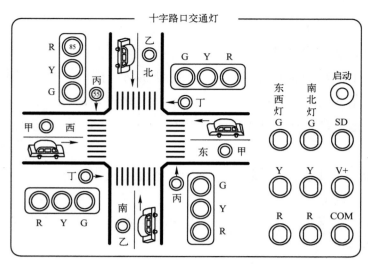

图 2-91　十字路口交通灯的布置

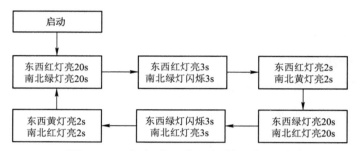

图 2-92　十字路口交通灯的运行要求

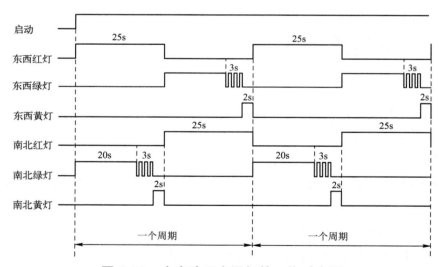

图 2-93　十字路口交通灯的工作时序图

（1）输入/输出接口的分配如表 2-22 所示。

表 2-22　输入/输出接口的分配 14

输 入 接 口			输 出 接 口		
输 入 元 件	地　址	作　　用	输 出 元 件	地　址	作　　用
SD	I0.0	控制开关	东西灯 R	Q0.0	东西红灯
			东西灯 G	Q0.1	东西绿灯

输 入 接 口			输 出 接 口		
输 入 元 件	地　　址	作　　用	输 出 元 件	地　　址	作　　用
			东西灯 Y	Q0.2	东西黄灯
			南北灯 R	Q0.3	南北红灯
			南北灯 G	Q0.4	南北绿灯
			南北灯 Y	Q0.5	南北黄灯

（2）画出顺序功能图。

图 2-94 所示为十字路口交通灯的顺序功能图，该顺序功能图采用单序列结构。

按照图 2-74 启用系统存储器与时钟存储器，采用默认配置，M1.0 的含义是程序首次扫描时为 1，以后为 0。

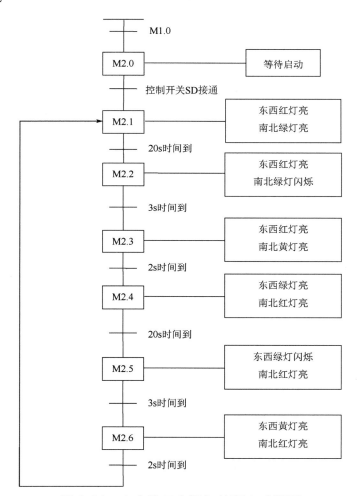

图 2-94　十字路口交通灯的顺序功能图

在该顺序功能图中，M2.0～M2.6 为各个步；各个步对应的东西红灯亮、南北绿灯亮等是相应的动作；M1.0、控制开关 SD 接通和 20s 时间到等分别为各个步的转移条件。M2.0 为等待启动，当转移条件控制开关 SD 接通得到满足时，转移到 M2.1，同时关断 M2.0，M2.1 的动作为东西红灯亮、南北绿灯亮；……M2.6 的动作为东西黄灯亮、南北红灯亮。当 2s 时间到，M2.6 转移到 M2.1，同时关断 M2.6，构成了一个闭环。如此周而复始，循环工作。

（3）编制梯形图程序。

编程方法：当当前步为活动步且转移条件得到满足时，用置位指令 S 将代表后续步的位存储器置位，同时用复位指令 R 将本步复位。这种编程方法很有规律，每一个转移都对应一个 S/R 的电路块，有多少个转移就有多少个这样的电路块。例如，在本例题中，可用 M2.0 的常开触点和转移条件 I0.0 的常开触点串联作为 M2.1 置位的条件，同时作为 M2.0 复位的条件。

设置系统存储器字节的地址 M1.0 首次扫描时为 1，设置时钟存储器字节的地址 M0.1 为 5Hz 时钟脉冲。

使用置位指令、复位指令把顺序功能图转化成梯形图程序，如图 2-95 所示。

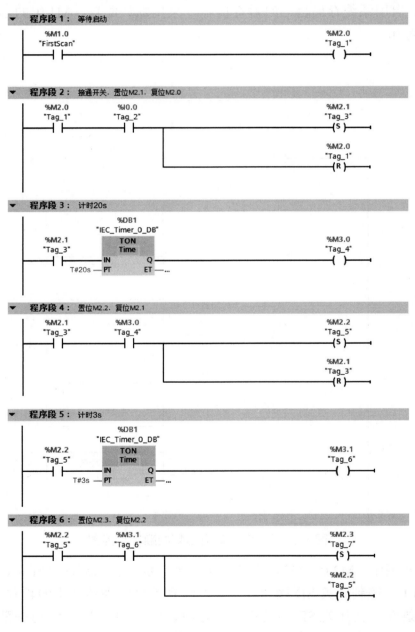

图 2-95 十字路口交通灯的梯形图程序

程序段 7：　计时2s

```
        %M2.3                %DB1                                       %M3.2
        "Tag_7"        "IEC_Timer_0_DB"                                 "Tag_8"
        ┤ ├                 TON                                         ( )
                            Time
                   ──── IN        Q ────────────────────────────────
              T#2s ──── PT       ET ──── …
```

程序段 8：　置位M2.4，复位M2.3

```
        %M2.3              %M3.2                                        %M2.4
        "Tag_7"            "Tag_8"                                      "Tag_9"
        ┤ ├               ┤ ├                                          ( S )

                                                                       %M2.3
                                                                       "Tag_7"
                                                                       ( R )
```

程序段 9：　计时20s

```
        %M2.4                %DB1                                       %M3.3
        "Tag_9"        "IEC_Timer_0_DB"                                 "Tag_10"
        ┤ ├                 TON                                         ( )
                            Time
                   ──── IN        Q ────────────────────────────────
             T#20s ──── PT       ET ──── …
```

程序段 10：　置位M2.5，复位M2.4

```
        %M2.4              %M3.3                                        %M2.5
        "Tag_9"            "Tag_10"                                     "Tag_11"
        ┤ ├               ┤ ├                                          ( S )

                                                                       %M2.4
                                                                       "Tag_9"
                                                                       ( R )
```

程序段 11：　计时3s

```
        %M2.5                %DB1                                       %M3.4
        "Tag_11"       "IEC_Timer_0_DB"                                 "Tag_12"
        ┤ ├                 TON                                         ( )
                            Time
                   ──── IN        Q ────────────────────────────────
              T#3s ──── PT       ET ──── …
```

程序段 12：　置位M2.6，复位M2.5

```
        %M2.5              %M3.4                                        %M2.6
        "Tag_11"           "Tag_12"                                     "Tag_13"
        ┤ ├               ┤ ├                                          ( S )

                                                                       %M2.5
                                                                       "Tag_11"
                                                                       ( R )
```

程序段 13：　计时2s

```
        %M2.6                %DB1                                       %M3.5
        "Tag_13"       "IEC_Timer_0_DB"                                 "Tag_14"
        ┤ ├                 TON                                         ( )
                            Time
                   ──── IN        Q ────────────────────────────────
              T#2s ──── PT       ET ──── …
```

程序段 14：　开始下一循环，复位M2.6

```
        %M2.6              %M3.5                                        %M2.1
        "Tag_13"           "Tag_14"                                     "Tag_3"
        ┤ ├               ┤ ├                                          ( S )

                                                                       %M2.6
                                                                       "Tag_13"
                                                                       ( R )
```

图 2-95　十字路口交通灯的梯形图程序（续）

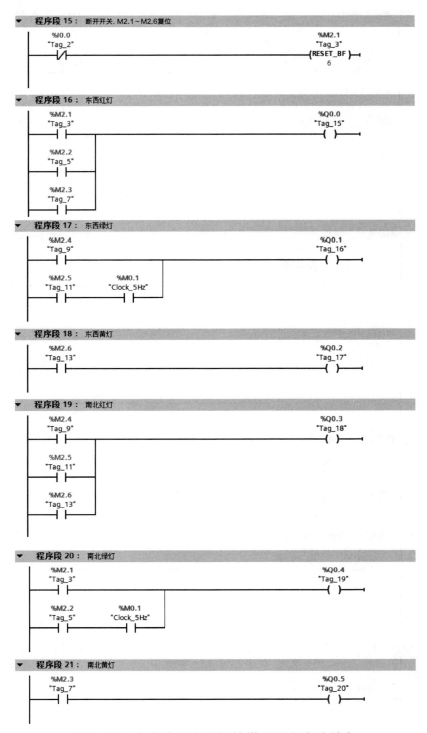

图 2-95 十字路口交通灯的梯形图程序（续）

📖 边学边练

（1）绘制图 2-64 所示灯塔之光的顺序功能图。

（2）使用置位指令、复位指令把灯塔之光的顺序功能图转化成梯形图程序。

2）选择分支结构

选择分支结构的顺序功能图的特点是有多条支路，需要进行选择，只能运行其中一条支路。

例题 2：设计一个分拣大小球的机械臂（见图 2-96）的 PLC 控制程序。

控制要求：当机械臂处于初始位置时，上限位开关 SQ3 和左限位开关 SQ4 均被压下，抓球电磁铁处于失电状态。按下启动按钮 SB1 后，机械臂下行，当碰到下限位开关 SQ2 后停止下行，这时抓球电磁铁得电吸球。若吸住的是小球，则大小球检测开关 SQ1 为接通状态；若吸住的是大球，则 SQ1 为断开状态。1s 后，机械臂上行，碰到上限位开关 SQ3 后右行，它会根据球的大小，分别在 SQ5（小球右限位开关）和 SQ6（大球右限位开关）处停留，然后下行至下限位停止，抓球电磁铁失电，机械臂把球放在对应的球箱里。球被放下 1s 后，机械臂返回。如果不按下停止按钮 SB2，机械臂会一直循环工作下去；如果按下停止按钮，机械臂将把本循环的动作完成后回到初始位置。再次按下启动按钮，系统可以从头开始循环工作。

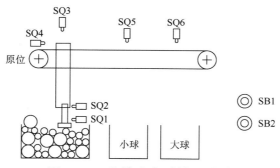

图 2-96　分拣大小球的机械臂

系统分析：机械臂在分拣大小球的过程中，无论是大球还是小球，都是严格按照"机械臂在初始位置→机械臂下行→抓球→机械臂上升→机械臂右行→机械臂下行→放球→机械臂上行→机械臂左行→机械臂回到初始位置→……"这一顺序进行工作的，这是典型的顺序控制。但与例题 1 十字路口交通灯的顺序控制的不同之处在于，由于抓球电磁铁可能抓到大球，也可能抓到小球，而且要放到不同的箱子里。因此，要根据抓球电磁铁所抓到球的类型选择不同的放球路线。

（1）输入/输出接口的分配。

输入/输出接口的分配如表 2-23 所示。

表 2-23　输入/输出接口的分配 15

输入接口			输出接口		
输入元件	地址	作用	输出元件	地址	作用
SB1	I0.0	启动按钮	HL	Q0.0	机械臂复位指示灯
SB2	I0.1	停止按钮	YA	Q0.1	抓球电磁铁
SQ3	I0.2	上限位开关	KM1	Q0.2	机械臂下行接触器
SQ2	I0.3	下限位开关	KM2	Q0.3	机械臂上行接触器
SQ4	I0.4	左限位开关	KM3	Q0.4	机械臂右行接触器
SQ5	I0.5	小球右限位开关	KM4	Q0.5	机械臂左行接触器
SQ6	I0.6	大球右限位开关			
SQ1	I0.7	大小球检测开关			

（2）画出 PLC 外部硬件接线图。

略。

（3）设计顺序功能图。

图 2-97 所示为分拣大小球的机械臂工作的顺序功能图。在抓球电磁铁抓住球 1s 后考虑分两路（用选择分支结构）设计顺序功能图。对于该顺序功能图，应注意以下几点。

① 支路的分与合的处理。由图 2-97 可以看出，当 M2.2 为活动步时，满足转移条件（1s 时间到）后，就分支路运行。当吸住大球时，SQ1 为断开状态，输入继电器 I0.7 的常闭触点（用文字符号 I0.7 表示）闭合，常开触点断开，顺序功能图选择右支路；反之，选择左支路。各支路最后还要汇合到干路上，各支路的最后一个步在转移条件得到满足时就能转移到干路上。

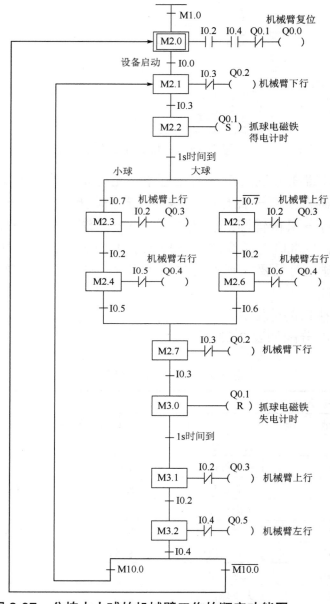

图 2-97 分拣大小球的机械臂工作的顺序功能图

② 关于"单周期操作/循环操作"的处理。因为本控制系统的启动和停止分别用两个按钮进行操作，为实现"单周期操作/循环操作"控制，本例题用 M10.0 的触点做一个选择逻辑。当 M10.0 得电时，其常开触点闭合，M3.2 转移到 M2.1，执行循环操作；反之，M10.0 的常闭触点闭合，M3.2 转移到 M2.0，执行单周期操作。

（4）编制分拣大小球的梯形图程序，如图 2-98 所示，程序段 16 实现了 M10.0 选择逻辑。

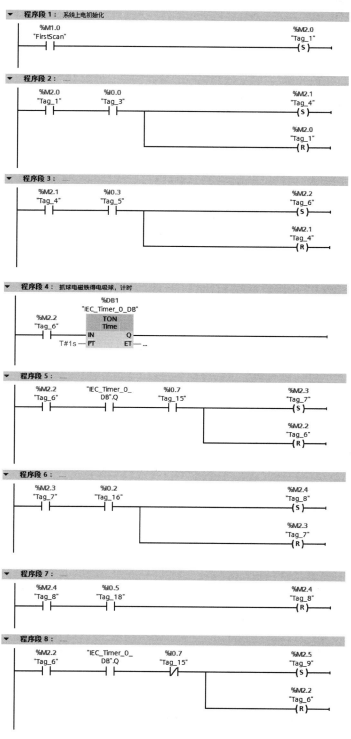

图 2-98　分拣大小球的梯形图程序

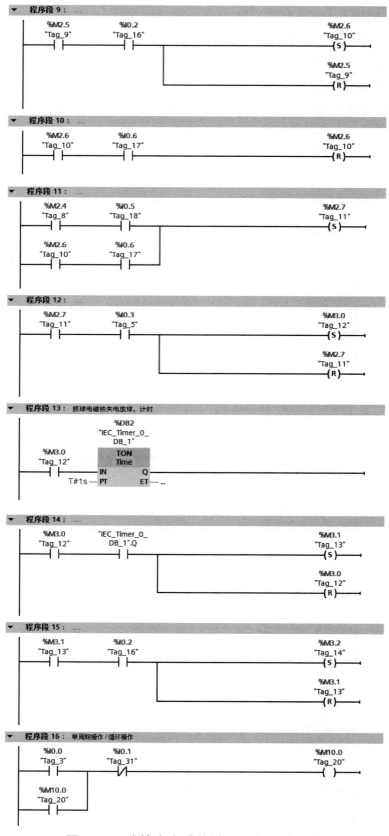

图 2-98　分拣大小球的梯形图程序（续）

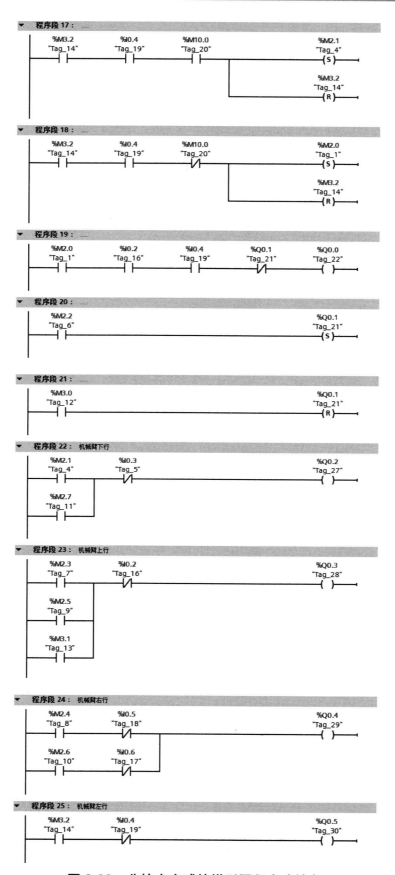

图 2-98　分拣大小球的梯形图程序（续）

3）并行序列结构

并行序列结构顺序功能图的特点是同时执行多条支路。

例题 3：编制三种液体混合装置的 PLC 控制程序。

如图 2-99 所示，本装置为 A、B、C 三种液体混合装置，其组成部分有液位传感器 SL1、SL2、SL3，进液阀 YV1、YV2、YV3，排液阀 YV4，搅匀电动机 M，加热器 H，以及温度传感器 T。该装置按照以下顺序进行工作，实现三种液体的混合、搅匀、加热等功能。

（1）打开"启动"开关，装置投入运行。首先，液体 A、B、C 的进液阀关闭，排液阀打开 10s，将容器放空后关闭；然后，液体 A 的进液阀打开，液体 A 流入容器。当液位到达 SL3 处时，SL3 接通，关闭液体 A 的进液阀，打开液体 B 的进液阀；当液位到达 SL2 处时，关闭液体 B 的进液阀，打开液体 C 的进液阀；当液位到达 SL1 时，关闭液体 C 的进液阀。

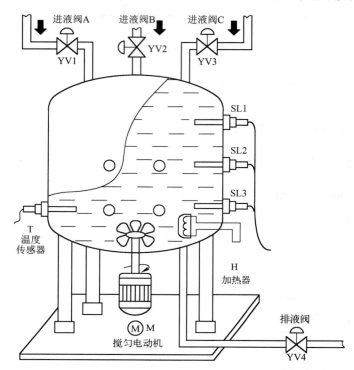

图 2-99　三种液体混合装置

（2）搅匀电动机开始搅匀，加热器开始加热。若混合液体在 6s 内达到设定温度，则加热器停止加热，搅匀电动机工作 6s 后停止搅动；若混合液体加热 6s 后还没有达到设定温度，则加热器继续加热，当混合液体达到设定温度时，加热器停止加热，搅匀电动机停止工作。

（3）搅匀结束以后，排液阀打开，开始放出混合液体。当液位下降到 SL3 处时，SL3 由接通变为断开，再过 2s，容器放空，排液阀关闭，开启下一个周期。

关闭"启动"开关，在当前的混合液体处理操作执行完毕后，停止操作。

系统分析：在本例题中，"排混合液→进液体 A→进液体 B→进液体 C→搅匀电动机开始搅匀、加热器开始加热→排混合液"的整个过程严格遵循顺序，可以考虑采用顺序控制。在控制要求中，"搅匀电动机开始搅匀"和"加热器开始加热"是同时进行的，且两项工作有相互等待的要求，因此，可以考虑用并行分支结构来设计该顺序功能图。

（1）输入/输出接口的分配。

输入/输出接口的分配如表 2-24 所示。

表 2-24　输入/输出接口的分配 16

输　入　接　口			输　出　接　口		
输　入　元　件	地　　址	作　　用	输　出　元　件	地　　址	作　　用
SD	I0.0	"启动"开关	YV1	Q0.0	液体 A 的进液阀
SL1	I0.1	液位传感器 SL1	YV2	Q0.1	液体 B 的进液阀
SL2	I0.2	液位传感器 SL2	YV3	Q0.2	液体 C 的进液阀
SL3	I0.3	液位传感器 SL3	YV4	Q0.3	排液阀
T	I0.4	温度传感器 T	KM1	Q0.4	控制搅匀电动机 M 的接触器
			KM2	Q0.5	控制加热器 H 的接触器

（2）画出顺序功能图。

图 2-100 所示为三种液体混合装置的顺序功能图。"搅匀电动机搅匀"和"加热器加热"是分两条支路同时进行的。对于此类顺序功能图，应注意以下几点。

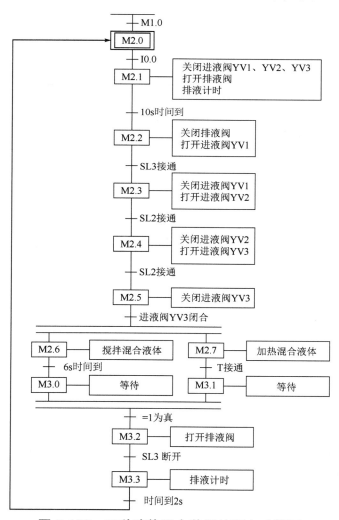

图 2-100　三种液体混合装置的顺序功能图

① 并行分支的分开与合并。在本例题中，并行分支从同一个步 M2.5，由同一个转移条件（进液阀 YV3 闭合）转移到不同的分支，即同时将两分支的步 M2.6、M2.7 激活，然后各分支按自己的顺序工作。在各分支进行合并时，由于各分支不一定同时结束，往往在各分支里设计一个步——等待步，它不做任何动作，如本例题中的 M3.0、M3.1。只有当 M3.0、M3.1 两个步都被激活后，它们对应的常开触点都闭合，才能激活下一个步 M3.2（置位 M3.2），同时复位上面的步 M3.0、M3.1。

② 并行分支合并后转移到新的步可以有转移条件，但有时看不到明显的转移条件，其实这时的转移条件就是永远为"真"，即只要每一条支路的最后一个步都为"ON"就可以转移。这一永远为"真"的条件在顺序功能图上可以写出来，也可以省略不写。M3.3 结束后，向 M2.0 转移，转移条件是 2s 时间到。

③ 并行分支开始时和结束时均用两条平行表示。

（3）编制三种液体混合装置的梯形图程序，如图 2-101 所示。

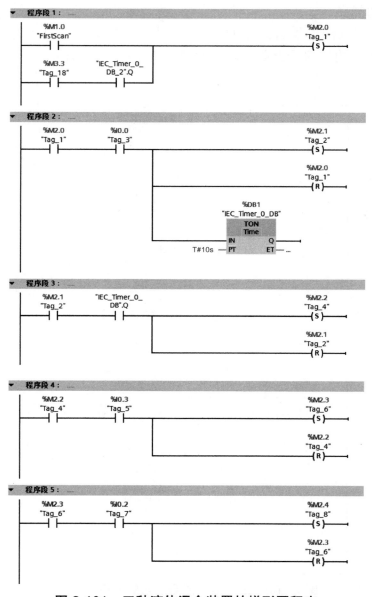

图 2-101　三种液体混合装置的梯形图程序

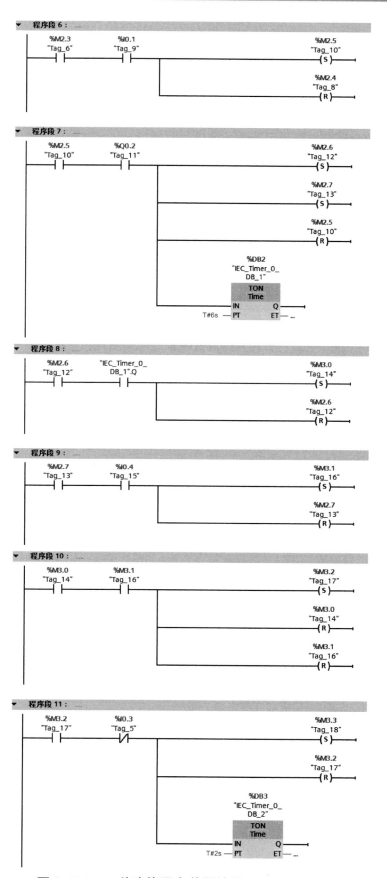

图 2-101　三种液体混合装置的梯形图程序（续）

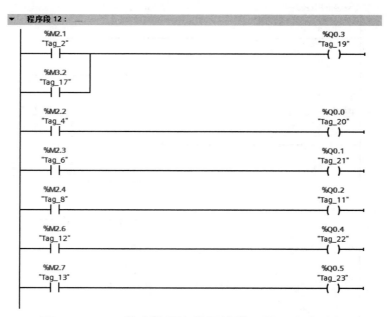

图 2-101　三种液体混合装置的梯形图程序（续）

4）跳转和循环结构

下面通过例题 4 对跳转和循环结构进行说明。

例题 4： 编制自动洗衣机的 PLC 控制程序。

如图 2-102 所示，自动洗衣机的控制要求为自动洗衣机被启动后，按以下顺序工作：洗涤（1 次）→漂洗（2 次）→脱水→报警，衣服洗好，具体如下。

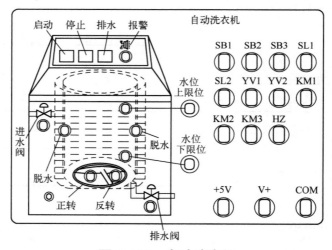

图 2-102　自动洗衣机

① 洗涤：进水→正转 5s，停 1s，反转 5s，循环 5 次→排水。

② 漂洗：进水→正转 5s，停 1s，反转 5s，循环 5 次→排水。漂洗要进行 2 次。

③ 进水：打开进水阀，水位升高，首先水位下限位开关 SL2 闭合，然后水位上限位开关 SL1 闭合，SL1 闭合后，关闭进水阀。

④ 排水：打开排水阀，水位下降，首先 SL1 断开，然后 SL2 断开，SL2 断开 1s 后停止排水。

⑤ 脱水：脱水完成后报警，报警 5s 后停机。

⑥ 强制排水和停机：按下排水按钮 SB3 可强制排水。按下停止按钮 SB2，自动洗衣机立即停机。

系统分析：在本例题中，自动洗衣机洗涤时波轮的正反转要重复 5 次，而漂洗过程也要进行 2 次，这些重复的动作可以看作洗衣过程中某些步的循环。当循环次数未达到控制要求时，继续执行要循环的步；当循环次数达到控制要求时，就执行下面的步。因此，在设计顺序功能图时需考虑跳转和循环结构。

（1）输入/输出接口的分配。

输入/输出接口的分配如表 2-25 所示。

表 2-25　输入/输出接口的分配 17

输 入 接 口			输 出 接 口		
输 入 元 件	地　　址	作　　用	输 出 元 件	地　　址	作　　　　用
SB1	I0.0	启动按钮	YV1	Q0.0	进水阀
SB2	I0.1	停止按钮	YV2	Q0.1	排水阀
SB3	I0.2	排水按钮	KM1	Q0.2	正转洗涤
SL1	I0.3	水位上限位开关	KM2	Q0.3	反转洗涤
SL2	I0.4	水位下限位开关	KM3	Q0.4	脱水
HZ	Q0.5	报警灯			

（2）画出 PLC 外部硬件接线图。

略。

（3）画出顺序功能图，如图 2-103 所示。

① 用计数器累计洗涤次数，根据洗涤次数是否达到 5 次选择执行的分支。当洗涤次数未达到 5 次时，向 M2.2 转移，波轮继续正反转，进行洗涤，构成一个小循环；当洗涤次数达到 5 次时，向 M2.5 转移。同样地，对于漂洗来说，其实就是将洗涤、排水、脱水过程重复几次，也构成循环。不过，根据具体要求要漂洗 2 次，加上第一次洗涤的过程，要把计数器的预置值设定为 3。

② 从排水到脱水的转移条件是水位下限位开关 SL2 断开，当水未排完时，SL2 的常开触点闭合；当水排完时，SL2 的常开触点断开。

（4）编制梯形图程序。

略。

5）混合结构

混合结构是指非单一的选择分支、并行序列、跳转和循环等结构，一个混合结构的顺序功能图可能既有选择分支结构，又有并行序列、跳转和循环结构。

关于混合结构顺序功能图的例子不再列举，其设计方法和转化为梯形图程序的方法可参考上述 4 种结构。

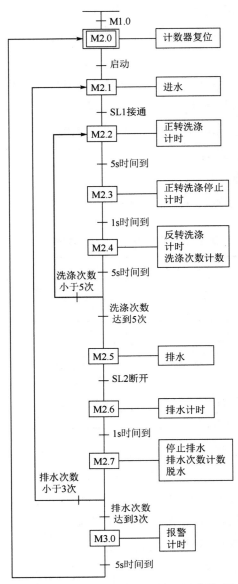

图 2-103　自动洗衣机的顺序功能图

📖 边学边练

　　喷泉有 3 组喷头，要求启动喷泉后，A 组喷头先工作 5s 再停止，此时 B、C 组喷头同时工作，5s 后 B 组喷头停止，再过 5s，C 组喷头停止，而 A、B 组喷头开始工作，经过 2s，C 组喷头也工作，在 C 组喷头持续工作 5s 后全部停止，再过 3s，重复前述过程。试画出顺序功能图并编制梯形图程序。

二、任务实施

1. 器材准备

- 机械手（含各传感器）1 套。
- PLC 实训装置 1 台。

- 装有 TIA 博途编程软件的计算机 1 台。
- PC/PPI 通信电缆 1 根。
- 导线若干。

2. 实训内容

根据任务描述所涉及的内容，编制机械手动作的梯形图程序并完成程序的调试运行。

系统分析：机械手是按照一定的顺序动作的，本任务采用顺序控制设计法编程。机械手水平臂的左右移动、垂直臂的升降、手爪的抓紧与松开均由气缸带动完成，此处对气动回路的控制均采用单电控二位电磁换向阀（以下简称电磁阀）。当升降电磁阀线圈通电时，机械手下降，断电时机械手上升；当左右移电磁阀线圈通电时，机械手右移，断电时机械手左移；当手爪电磁阀线圈通电时执行夹紧动作，断电时由电磁阀弹簧自动执行松开动作。

编程步骤及参考程序如下。

1）输入/输出接口的分配

输入/输出接口的分配如表 2-26 所示。

表 2-26　输入/输出接口的分配 18

输 入 接 口			输 出 接 口		
输 入 元 件	地　　址	作　　用	输 出 元 件	地　　址	作　　用
SB1	I0.0	启动按钮	HL1	Q0.0	原位指示灯
SB2	I0.1	停止按钮	YV1	Q0.1	升降电磁阀
SQ1	I0.2	下极限位置开关	YV2	Q0.2	手爪电磁阀
SQ2	I0.3	上极限位置开关	YV3	Q0.3	左右移电磁阀
SQ3	I0.4	右极限位置开关			
SQ4	I0.5	左极限位置开关			

2）绘制 PLC 外部硬件接线图

PLC 外部硬件接线图如图 2-104 所示。

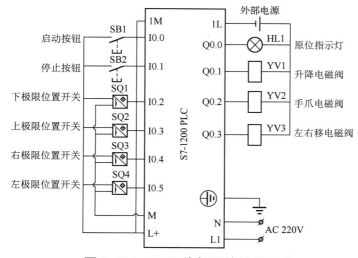

图 2-104　PLC 外部硬件接线图 5

3）设计顺序功能图

机械手动作的顺序功能图如图 2-105 所示。

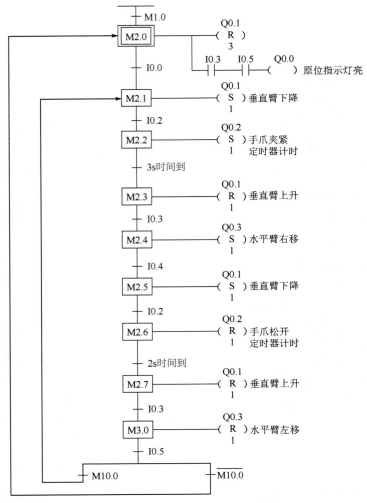

图 2-105　机械手动作的顺序功能图 1

根据任务描述可知，机械手上电或停止后都停留在初始位置，即水平臂在左极限位置，垂直臂在上极限位置，原位指示灯 HL1 亮。结合 PLC 外部硬件接线图，在设计顺序功能图时，初始步 M2.0 对应的动作是复位各电磁阀，当各电磁阀复位到位后，原位指示灯 HL1 亮。当按下启动按钮后，机械手按照顺序依次动作。在设计此顺序功能图时，还应考虑以下几点。

① 手爪夹紧工件或松开工件由手爪电磁阀进行驱动，并由传感器进行检测，顺序功能图的转移条件是夹紧工件或松开工件后所停留的时间到。

② 对机械手循环工作与停机的处理采用了本任务中例题 2 的处理方法。

③ 由于对气动回路的控制采用的是电磁阀，因此机械手在工作过程中各气缸保持指定的状态，设计时各状态对应的动作采用了置位/复位指令。

4）编制梯形图程序

机械手动作的梯形图程序如图 2-106 所示。

▼ 程序段 1： 系统上电初始化

```
%M1.0                                              %M2.0
"FirstScan"                                        "Tag_1"
  ┤ ├                                               (S)
```

▼ 程序段 2： ....

```
%M2.0          %I0.0                               %M2.1
"Tag_1"        "Tag_3"                             "Tag_4"
  ┤ ├           ┤ ├─────────┬─────────────────────(S)
                            │
                            │                      %M2.0
                            │                      "Tag_1"
                            └─────────────────────(R)
```

▼ 程序段 3： ....

```
%M2.1          %I0.2                               %M2.2
"Tag_4"        "Tag_16"                            "Tag_6"
  ┤ ├           ┤ ├─────────┬─────────────────────(S)
                            │
                            │                      %M2.1
                            │                      "Tag_4"
                            └─────────────────────(R)
```

▼ 程序段 4： 手爪夹紧，定时器计时

```
                    %DB1
              "IEC_Timer_0_DB"
%M2.2            ┌──────────┐
"Tag_6"          │   TON    │
  ┤ ├────────────┤   Time   │
                 │          │
              ───┤IN      Q ├──────────────────────────
       T#3s   ───┤PT     ET ├── ...
                 └──────────┘
```

▼ 程序段 5： ....

```
%M2.2       "IEC_Timer_0_                          %M2.3
"Tag_6"        DB".Q                               "Tag_7"
  ┤ ├           ┤ ├─────────┬─────────────────────(S)
                            │
                            │                      %M2.2
                            │                      "Tag_6"
                            └─────────────────────(R)
```

▼ 程序段 6： ....

```
%M2.3          %I0.3                               %M2.4
"Tag_7"        "Tag_5"                             "Tag_8"
  ┤ ├           ┤ ├─────────┬─────────────────────(S)
                            │
                            │                      %M2.3
                            │                      "Tag_7"
                            └─────────────────────(R)
```

▼ 程序段 7： ....

```
%M2.4          %I0.4                               %M2.5
"Tag_8"        "Tag_19"                            "Tag_9"
  ┤ ├           ┤ ├─────────┬─────────────────────(R)
                            │
                            │                      %M2.4
                            │                      "Tag_8"
                            └─────────────────────(R)
```

▼ 程序段 8： ....

```
%M2.5          %I0.2                               %M2.6
"Tag_9"        "Tag_16"                            "Tag_10"
  ┤ ├           ┤ ├─────────┬─────────────────────(S)
                            │
                            │                      %M2.5
                            │                      "Tag_9"
                            └─────────────────────(R)
```

图 2-106　机械手动作的梯形图程序 1

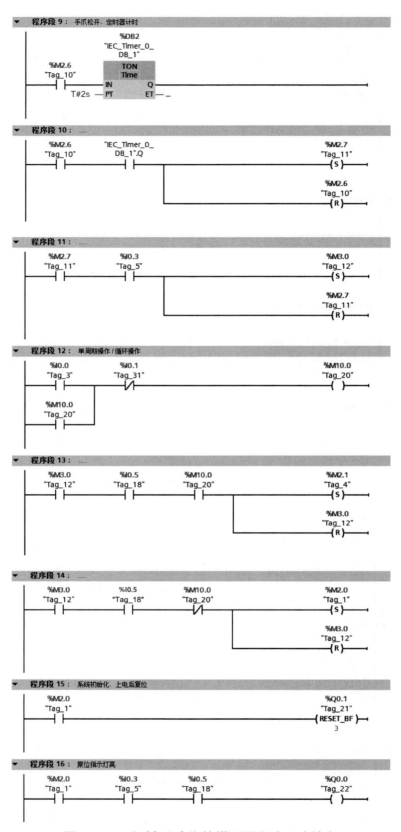

图 2-106　机械手动作的梯形图程序 1（续）

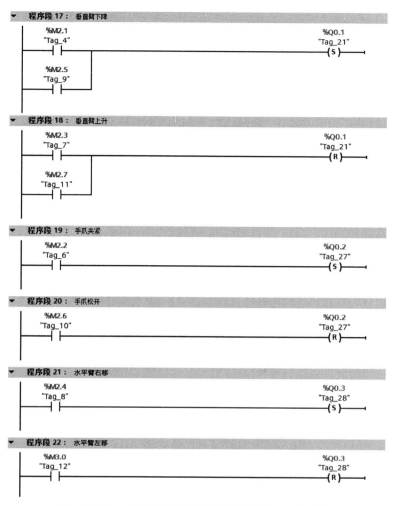

图 2-106　机械手动作的梯形图程序 1（续）

5）调试运行程序

根据控制要求进行程序的调试与运行。

① 组装机械手。

② 连接气动回路，并手动操作对其进行检查。

③ 按照输入/输出接口的分配与 PLC 外部硬件接线图，完成 PLC 主机单元与实训单元之间的接线（注意：传感器与 PLC 接线要注意"+""–"极）。

④ 接好计算机与 PLC 主机单元之间的通信电缆。

⑤ 使 PLC 接通电源。

⑥ 打开 PLC 的电源开关，PLC 的状态指示灯 STOP 亮。

⑦ 使用 TIA 博途编程软件编程。

⑧ 下载程序至 PLC。

⑨ 运行程序，PLC 的状态指示灯置于 RUN 亮。

⑩ 按照控制要求操作 PLC 实训装置上的开关，观察实训现象，判断是否能够实现程序功能。若不能实现，则通过程序状态监控功能找出错误并对程序进行修改，重新调试，直至程序正确为止。

3．实训记录

（1）描述实训现象和工作原理。

（2）记录实训过程中出现的程序问题、接线问题及所采取的处理方法。

三、知识拓展——使用"启保停"电路模式把顺序功能图转化成梯形图程序的编程方法

根据本任务例题 1 中顺序功能图转化成梯形图程序的方法可以总结出使用"启保停"电路模式把顺序功能图转化成梯形图程序的编程方法的基本思路。

在梯形图程序中，只有前级步为活动步且转移条件成立时，才能进行步转移，且总是将代表前级步的位存储器的常开触点与转换条件对应的触点串联，作为后续步中间继电器通电的条件。当后续步被激活时，应将前级步关断，所以将代表后续步的中间继电器的常闭触点串联在前级步的电路中。

例题 5：图 2-107 所示为某组合机床的工作台动作示意图，初始时，工作台停在左极限位置，限位开关 SQ3 被压下。按下启动开关 S，工作台按照"快进→工进→快退→原位停止"的顺序工作。快进时电磁阀 YV1 和 YV2 同时通电，工进时 YV2 单独通电，快退时 YV3 通电。试用"启保停"电路模式设计顺序功能图，并编制梯形图程序。

（1）输入/输出接口的分配。

输入/输出接口的分配如表 2-27 所示。

表 2-27　输入/输出接口的分配 19

输入接口			输出接口		
输入元件	地址	作用	输出元件	地址	作用
S	I0.0	启动开关	YV1	Q0.0	工作台快进
SQ1	I0.1	工进行程开关	YV2	Q0.1	工作台工进
SQ2	I0.2	快退行程开关	YV3	Q0.2	工作台快退
SQ3	I0.3	停止行程开关			

（2）设计顺序功能图，如图 2-108 所示。

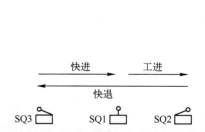

图 2-107　某组合机床的工作台动作示意图

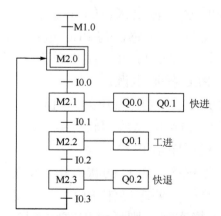

图 2-108　工作台控制的顺序功能图

（3）编制梯形图程序。

工作台控制的梯形图程序如图 2-109 所示。

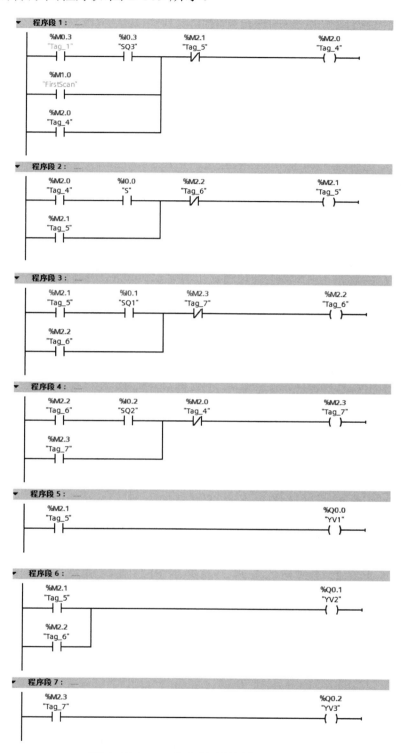

图 2-109　工作台控制的梯形图程序

📖 边学边练

根据图 2-94，试用"启保停"电路模式编制十字路口交通灯的梯形图程序。

思考与练习

（1）顺序功能图的组成要素有哪些？何时可以执行某一步的动作？

（2）有 3 台电动机，要求：每隔 8min 依次启动 1 台电动机，每台电动机运行 8h 后自动停止。运行过程中还可以利用停止按钮使 3 台电动机同时停机，试画出顺序功能图，并编制其控制程序。

任务六　数据传送指令的使用

▎ 任务描述

在物料分拣过程中，若物料分拣设备检测到连续出现 2 个塑料工件，则原位指示灯 EL1 闪烁，绿色指示灯 EL2 熄灭，物料分拣设备不能继续进行分拣。此时按下停止按钮 SB2，原位指示灯不再闪烁，物料分拣设备回到初始待机状态。试用数据传送指令（MOVE）编制梯形图程序并完成程序的调试运行。

▎ 任务分析

对塑料工件进行计数检测的控制应采用计数器指令，数据的处理应采用数据传送指令等，本任务要求用数据传送指令编制梯形图程序。

▎ 任务目标

- 理解并掌握数据传送指令的功能及应用。
- 能够根据控制要求用数据传送指令编制梯形图程序。
- 了解变量存储器的功能及应用。
- 了解比较指令的功能及应用。
- 熟悉 PLC 在工业生产过程中的应用，能够用 PLC 系统解决实际问题。
- 通过实践操作，引导学生弘扬劳动精神，培养其吃苦耐劳的作风、勇于探索的创新精神，增强其社会责任感。
- 通过规范操作，树立安全文明生产意识、标准意识，养成良好的职业素养，培养严谨的治学精神、精益求精的工匠精神；
- 通过小组合作完成实训任务，树立责任意识、团结合作意识，提高沟通表达能力、团队协作能力。

一、基础知识

PLC 的数据传送指令用于常数与各个存储单元，以及各个存储单元之间的数据传送，在传送过程中，源操作数据被传送到目的存储单元中，源操作数据不变。

1．数据传送指令

数据传送指令用于将输入端（IN）的数据传送到输出端（OUT1），并转换为输出端指定的数据类型。

单个数据传送指令的格式如图 2-110 所示。

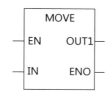

图 2-110　单个数据传送指令的格式

MOVE 为数据传送指令符号，输入参数 IN 和输出参数 OUT1 可以是除 Bool 外的所有基本数据类型（DTL、Struct、Array 等）。IN 还可以是常数。

单个数据传送指令的参数如表 2-28 所示。

表 2-28　单个数据传送指令的参数

参　数	数　据　类　型	存　储　区	说　明
EN	Bool	I、Q、M、D、L	使能输入
ENO	Bool	I、Q、M、D、L	使能输出
IN	位字符串、整数、浮点数、定时器、日期、时间、Char、WChar、Struct、Array、IEC 数据类型、PLC 数据类型（UDT）	I、Q、M、D、L 或常数	用于覆盖目标地址的元素
OUT1	位字符串、整数、浮点数、定时器、日期、时间、Char、WChar、Struct、Array、IEC 数据类型、PLC 数据类型（UDT）	I、Q、M、D、L	目标地址

图 2-111 所示为常数与存储单元之间的数据传送，当 I0.0 接通时，对 MB0～MB3 进行清零，可采用数据传送指令，把数据 0 送入从 MB0 开始的 4 字节 MB0～MB3，即双字 MD0。

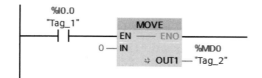

图 2-111　常数与存储单元之间的数据传送

图 2-112 所示为存储单元之间的数据传送，当 I0.0 接通时，把 QB2 中的 1 字节数据传送到 QB0 中。

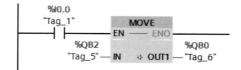

图 2-112　存储单元之间的数据传送

同一条数据传送指令的输入参数和输出参数的数据类型可以不相同。例如，可以将 MB2 中的数据传送到 MW4。如果输入参数 IN 数据类型的位长度超出输出参数 OUT1 数据类型的位长度，则源操作数据的高位会丢失，应避免这样的数据传送。如果输入参数 IN 数据类型的位长度低于输出参数 OUT1 数据类型的位长度，则目标值的高位会被改写为 0。

例题 1：用数据传送指令实现多盏灯的点亮和熄灭。要求：按下按钮 SB1，1、3 灯点亮，按下按钮 SB2，2、4 灯点亮，按下按钮 SB3，4 盏灯全部熄灭。

编制多盏灯点亮和熄灭的梯形图程序，如图 2-113 所示。I0.1 对应按钮 SB1，I0.2 对应按钮 SB2，I0.3 对应按钮 SB3，4 盏灯分别对应 PLC 的输出地址 Q0.0～Q0.3。

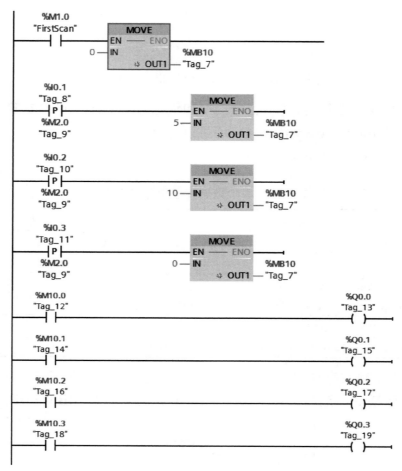

图 2-113　多盏灯点亮和熄灭的梯形图程序

例题 2：按下 I0.0～I0.4 对应的按钮，用七段数码显示器显示 0～4 五个数字，字符对应表如表 2-29 所示，七段数码显示器的接线如图 2-114 所示。

表 2-29　字符对应表

输 入 元 件	应显示数字	点亮数码管	对应的二进制数	对应的十进制数
I0.0	0	a、b、c、d、e	0011 1111	63
I0.1	1	b、c	0000 0110	6
I0.2	2	a、b、d、e、g	0101 1011	91
I0.3	3	a、b、c、d、g	0100 1111	79
I0.4	4	b、c、f、g	0110 0110	102

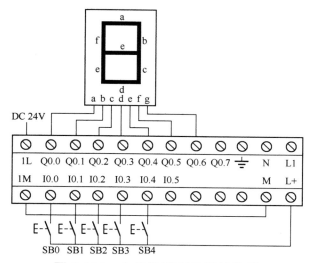

图 2-114　七段数码显示器的接线

数码显示程序如图 2-115 所示。

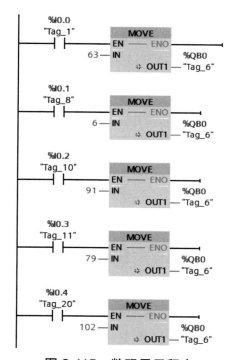

图 2-115　数码显示程序

📖 边学边练

用数据传送指令编制 3 台电动机同时启动、同时停止的梯形图程序。

2. 比较指令

比较指令用于比较数据类型相同的两个数 IN1 和 IN2 的大小。比较指令在梯形图程序中表示为常开触点，在常开触点的中间注明相比较的参数和运算符。当比较结果为真时，该常开触点闭合或输出。相比较的两个数可以是 I、Q、M、L、D 存储区中的变量或常数。

比较指令的运算符包括等于 "=="、大于或等于 ">="、小于或等于 "<="、大于 ">"、小于 "<"、不等于 "<>"。

比较指令的运算符及数据类型可以在相应的下拉列表中选择，如图 2-116 所示。如果想修改运算符，可以通过双击运算符，在运算符的下拉列表中修改实现。

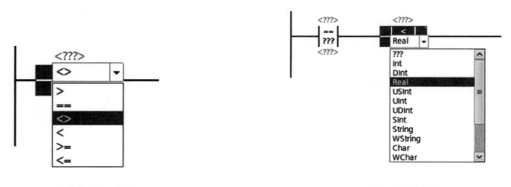

（a）比较指令的运算符　　　　　　　　　（b）比较指令的数据类型

图 2-116　比较指令的运算符及数据类型

比较指令的应用如图 2-117 所示，当定时器 t1 的当前值 MD20 大于或等于 300 时，输出线圈 Q0.1 通电。

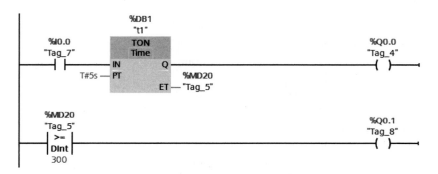

图 2-117　比较指令的应用

例题 3：用比较指令编制一个梯形图程序：按下启动按钮 SB1 后，灯 HL1 先亮，0.5s 后，灯 HL2 亮、HL1 熄灭，再过 0.5s，灯 HL3 亮、HL2 熄灭，再过 0.5s，HL1 亮、HL3 熄灭，依次循环，按下停止按钮 SB2 后，所有灯熄灭。

输入/输出接口的分配如表 2-30 所示，梯形图程序如图 2-118 所示。

表 2-30　输入/输出接口的分配 20

输　入　接　口			输　出　接　口		
输 入 元 件	地　　址	作　　用	输 出 元 件	地　　址	作　　用
SB1	I0.0	启动按钮	HL1	Q0.0	点亮 HL1
SB2	I0.1	停止按钮	HL2	Q0.1	点亮 HL2
			HL3	Q0.2	点亮 HL3

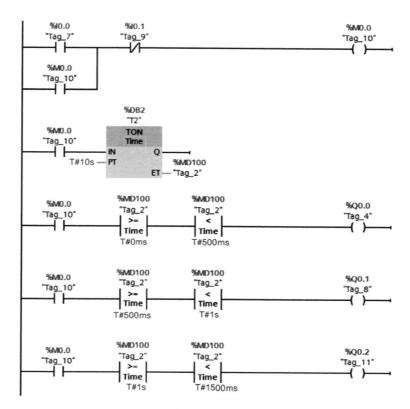

图 2-118　例题 3 的梯形图程序

二、任务实施

1. 器材准备

- PLC 实训装置 1 台。
- 装有 TIA 博途编程软件的计算机 1 台。
- 机械手系统实验模板 1 块。
- PC/PPI 通信电缆 1 根。
- 导线若干。

2. 实训内容

根据任务描述所涉及的内容，编制梯形图程序并完成程序的调试运行。

系统分析：物料分拣设备工作时，气缸 2 每动作一次，推出一个塑料工件，气缸 2 动作一次后，如果接下来是气缸 1 动作，计数器复位为 0，如果是气缸 2 连续动作，则物料分拣设备停止工作，原位指示灯 EL1 闪烁，绿色指示灯 EL2 熄灭。此时按下停止按钮 SB2，原位指示灯不再闪烁，物料分拣设备回到初始待机状态。可使用多种方法编制此程序，本任务使用数据传送指令编制。

编程步骤及参考程序如下。

（1）输入/输出接口的分配。

输入/输出接口的分配如表 2-31 所示，模拟运行时可用行程开关或按钮代替传感器。

表 2-31 输入/输出接口的分配 21

输 入 接 口			输 出 接 口		
输 入 元 件	地 址	作 用	输 出 元 件	地 址	作 用
SB2	I0.0	停止按钮	KM	Q0.0	控制电动机接触器
SQ1	I0.1	传感器 2	YV1	Q0.1	气缸 1 伸出
SQ2	I0.2	传感器 3	YV2	Q0.2	气缸 2 伸出
SQ3	I0.3	传感器 4	EL1	Q0.3	原位指示灯
SQ4	I0.4	气缸 1 伸出极限	EL2	Q0.4	绿色指示灯
SQ5	I0.5	气缸 1 缩回极限			
SQ6	I0.6	气缸 2 伸出极限			
SQ7	I0.7	气缸 2 缩回极限			

（2）绘制 PLC 外部硬件连接示意图，如图 2-119 所示。

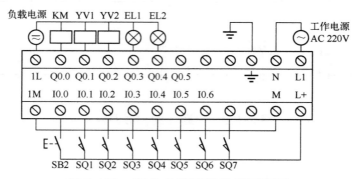

图 2-119 PLC 外部硬件连接示意图

（3）编制塑料工件分拣的梯形图程序，如图 2-120 所示。

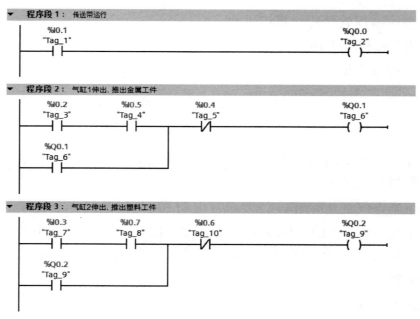

图 2-120 塑料工件分拣的梯形图程序

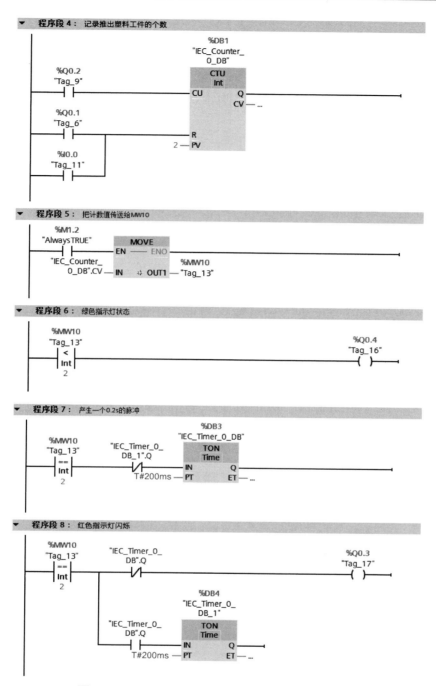

图 2-120　塑料工件分拣的梯形图程序（续）

（4）调试程序并运行。

根据控制要求进行程序的调试与运行。

① 按照输入/输出接口的分配与 PLC 外部硬件连接示意图，完成 PLC 主机单元与实训单元之间的接线。

② 接好计算机与 PLC 主机单元之间的通信电缆。

③ 使 PLC 接通电源。

④ 打开 PLC 的电源开关，PLC 的状态指示灯 STOP 亮。

⑤ 使用 TIA 博途编程软件编程。

⑥ 下载程序至 PLC。

⑦ 运行程序，PLC 的状态指示灯 RUN 亮。

⑧ 按照控制要求操作面板上的开关，观察实训现象，判断是否能够实现程序功能。若不能实现，则通过程序状态监控功能找出错误并对程序进行修改，重新调试，直至程序正确为止。

3．实训记录

（1）描述实训现象和工作原理。

（2）记录实训过程中出现的程序问题、接线问题及所采取的处理方法。

三、知识拓展——MOVE_BLK 指令

1．全局数据块与数组

MOVE_BLK（数据块传送）指令用于传送数据块中数组的多个元素。首先应生成全局数据块（DB）和数组。数组由多个数据类型相同的元素组成，数组元素的数据类型可以是任意的基本数据类型。

在 TIA 博途编程软件中，双击项目树中 PLC 的"程序块"下拉列表中的"添加新块"按钮，添加一个新块。在"添加新块"对话框中，单击"数据块"按钮，可以修改其名称或采用默认的名称，其类型默认为"全局 DB"，编号的生成方式默认为"自动"。单击"确定"按钮后自动生成数据块，如图 2-121 所示。

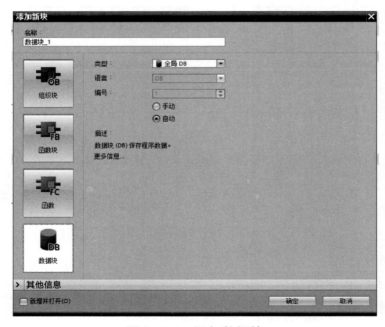

图 2-121　添加数据块

选中"添加新块"对话框中的"手动"单选按钮，可以修改数据块的编号。勾选"新增并打开"复选框，生成新的数据块之后，将会自动打开它。

在数据块"名称"列的第二行，输入数组（Array）的名称"source"，在对应的"数据类型"下拉列表中选中数据类型"Array[lo..hi]of type"。其中的 lo 和 hi 分别是数组元素的编号

（下标）的下限值和上限值，最大范围为[-32768..32767]，下限值应小于或等于上限值，如图 2-122 所示。

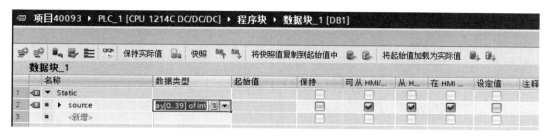

图 2-122　在数据块中添加数组

将"Array[lo..hi]of type"修改为"Array[0..39]of Int"，其元素的数据类型为 Int，元素的编号为 0～39。S7-1200 PLC 只能生成一维数组。

用同样的方法生成 DB2，在 DB2 中生成有 40 个 Int 类型元素的数组 array。在用户程序中，可以用符号地址"数据块_1".source[2]或绝对地址 DB1.DBW4 访问数组 source 中下标为 2 的元素。

2. MOVE_BLK

MOVE_BLK 指令又称为存储区移动指令，其将一个存储区（源区域）中的数据传送到另一个存储区（目标区域）中。

非中断数据块传送（UMOVE_BLK）指令的功能与 MOVE_BLK 指令的功能基本相同，其区别是前者的移动操作不会被操作系统的其他任务打断。

MOVE_BLK 指令的格式如图 2-123 所示。

MOVE_BLK 指令的参数如表 2-32 所示。

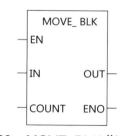

图 2-123　MOVE_BLK 指令的格式

表 2-32　MOVE_BLK 指令的参数

参　　数	数 据 类 型	存 储 区	说　　明
EN	Bool	I、Q、M、D、L	使能输入
ENO	Bool	I、Q、M、D、L	使能输出
IN	二进制数、整数、浮点数、定时器、Date、Char、WChar、TOD	D、L	待复制的源区域中的首个元素
COUNT	USInt、UInt、UDInt	I、Q、M、D、L、P 或常量	要从源区域复制到目标区域的元素个数
OUT	二进制数、整数、浮点数、定时器、Date、Char、WChar、TOD	D、L	从源区域复制到目标区域的首个元素

参数 COUNT 可以指定移动到目标区域中的元素个数，可通过输入参数 IN 中元素的宽度来定义元素待移动的宽度。

只有源区域和目标区域的数据类型相同时，才能执行 MOVE_BLK 指令。

MOVE_BLK 指令与 UMOVE_BLK 指令的应用如图 2-124 所示。接通 I0.3，MOVE_BLK 指令与 UMOVE_BLK 指令被执行，MOVE_BLK 指令将数据块 DB1 的数组 source[0]～

source[19]中的从 0 号元素开始的 20 个 Int 类型元素的值,复制到数据块 DB2 的数组 array[0]～array[19]的从 0 号元素开始的 20 个元素中;DB1 中的数组 source[20]～source[39]被整块复制到 DB2 的 array[20]～array[39]中。

图 2-124　MOVE_BLK 指令与 UMOVE_BLK 指令的应用

COUNT 为要传送的元素的个数,复制操作向地址增大的方向进行。

思考与练习

（1）编制将某数据送入定时器,作为定时器预置值的梯形图程序。

（2）编制数码显示器循环显示数字 0～9,间隔时间为 0.5s 的梯形图程序。

（3）按下列要求用比较指令编制一段梯形图程序,并将其下载到 PLC 中调试运行。

在数控车床换刀程序中,将当前刀号（1～4）存储在 MB4 中;若刀架不在任何刀位,将 0 存储在 MB4 中。当 I2.4 接通时,若指令刀号 MB3 与当前刀号 MB4 不相等,Q0.3 置位,Q0.4 复位,刀架电动机正转。当刀架转到预定刀位时,当前刀号 MB4 与指令刀号 MB3 相等,Q0.3 复位,刀架电动机停止正转,同时 Q0.4 置位,刀架电动机开始反转,进行锁紧。延时 4s 后,刀架电动机停止反转,换刀结束。

任务七　移位指令的使用

任务描述

同任务五,PLC 控制机械手将工件从工作台搬送到传送带上。上电时,机械手处于初始位置,原位指示灯 EL1 亮。按下启动按钮 SB1,机械手开始进行搬送工件的动作,返回初始位置后,再次循环运行。按下停止按钮 SB2,机械手把工件放到传送带后返回初始位置停止。试采用移位指令编制梯形图程序并完成程序的调试运行。

任务分析

任务五中,对机械手动作的控制采用的是顺序控制设计法,采用这种方法的梯形图程序比较长,可不可以采用其他指令编程呢?本任务采用移位指令编程,移位指令会使梯形图程序看起来更简洁。

任务目标

● 理解左移和右移、循环左移和循环右移等指令的功能及应用。

- 掌握用左移和右移、循环左移和循环右移等指令编程的方法。
- 能够根据控制要求用移位指令编制一般的梯形图程序，正确完成 PLC 外部硬件的安装接线与程序的调试运行。
- 了解 PLC 在工业生产过程中的应用，学会使用 PLC 系统解决实际问题。
- 通过实践操作，引导学生弘扬劳动精神，培养其吃苦耐劳的作风、勇于探索的创新精神，增强其社会责任感。
- 通过规范操作，树立安全文明生产意识、标准意识，养成良好的职业素养，培养严谨的治学精神、精益求精的工匠精神。
- 通过小组合作完成实训任务，树立责任意识、团结合作意识，提高沟通表达能力、团队协作能力。

一、基础知识

移位指令常应用于一个数字量输出点对多个顺序相对固定的动作的控制，如对机械手、交通灯等的控制。移位指令可分为左移、右移、循环左移和循环右移等指令。

1．左移、右移指令

1）左移、右移的含义

左移和右移的示意图可用图 2-125 表示，左移 1 位时，相应的位都左移 1 位，最高位移除丢失，最低位补 0；右移 1 位时，相应的位都右移 1 位，最低位移除丢失，最高位补 0。

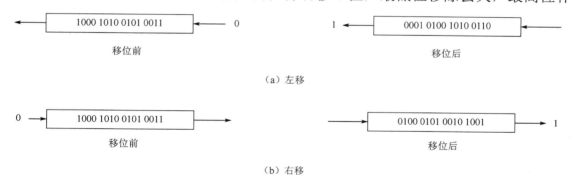

（a）左移

（b）右移

图 2-125　左移和右移的示意图

2）移位指令的格式

移位指令的格式如表 2-33 所示。

表 2-33　移位指令的格式

指 令 名 称	指 令 格 式	IN 的操作数类型	OUT 的操作数类型	参数 N 的类型
左移指令	SHL ??? EN — ENO <???> IN OUT <???> <???> N	Byte、Word、DWord、SInt、Int、DInt、USInt、UInt、UDInt	Byte、Word、DWord、SInt、Int、DInt、USInt、UInt、UDInt	USInt、UDInt

指 令 名 称	指 令 格 式	IN 的操作数类型	OUT 的操作数类型	参数 N 的类型
右移指令	SHR ??? EN — ENO <???> IN OUT <???> <???> N	Byte、Word、DWord、SInt、Int、DInt、USInt、UInt、UDInt	Byte、Word、DWord、SInt、Int、DInt、USInt、UInt、UDInt	USInt、UDInt

左移指令 SHL 和右移指令 SHR 将输入参数 IN 指定的存储单元的整体内容逐位左移或右移若干位，移位的位数用参数 N 来定义，移位的结果保存在输出参数 OUT 指定的地址中。

移位次数与移位数据的位数有关，如果移位次数大于移位数据的位数，则超出的部分无效。例如，字节左移时，若移位次数设定为 10，则左移指令实际执行的结果是移位 8 次，而不是设定的 10 次。

3）移位指令的应用

图 2-126 所示为字右移指令的应用，假设 MW20=0011 0101 0110 1001，试分析执行完该程序后，MW20 的数值变化。

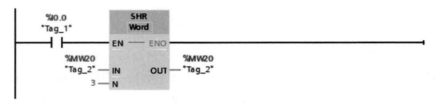

图 2-126　字右移指令的应用

本程序对 MW20 进行了 3 次右移，数值变化过程如表 2-34 所示。

表 2-34　MW20 的数值变化过程

移位次数	MW20 的数值
移位前	0011 0101 0110 1001
第 1 次右移后	0001 1010 1011 0100
第 2 次右移后	0000 1101 0101 1010
第 3 次右移后	0000 0110 1010 1101

例题 1："河""南""机""电" 4 盏彩灯分别接于 Q0.1～Q0.4，SB1、SB2 分别为启动按钮和停止按钮。要求：按下 SB1 后，彩灯"河"先点亮，随后每隔 1s 逐次单个点亮彩灯"南""机""电"，最后 1 盏彩灯点亮后，第 1 盏彩灯又开始点亮，并如此循环；按下停止按钮，系统停止工作。试用移位指令编制上述程序。

输入/输出接口的分配如表 2-35 所示，4 盏彩灯的移位程序如图 2-127 所示。

表 2-35　输入/输出接口的分配 22

输 入 接 口		输 入 接 口	
输 入 元 件	地 址	输 出 元 件	地 址
启动按钮 SB1	I0.0	彩灯"河"	Q0.0

续表

输 入 接 口		输 入 接 口	
输 入 元 件	地 址	输 出 元 件	地 址
停止按钮 SB2	I0.1	彩灯"南"	Q0.1
		彩灯"机"	Q0.2
		彩灯"电"	Q0.3

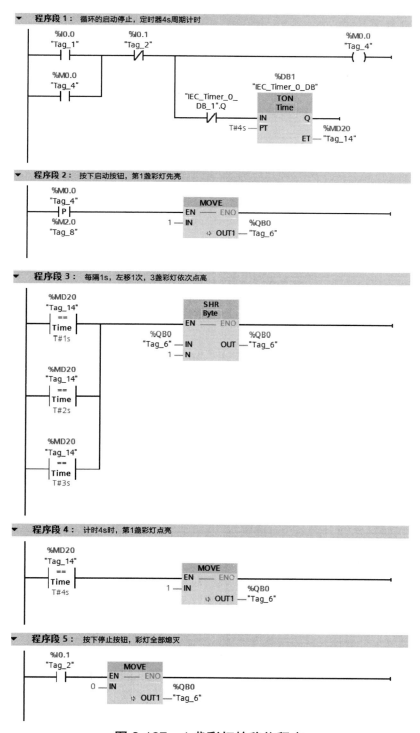

图 2-127　4 盏彩灯的移位程序

📖 边学边练

用 I0.1 控制接在 QB0 上的 8 盏彩灯依次点亮的动作，实现每 1s 右移 1 位，请用移位指令编制梯形图程序。

2. 循环移位指令

1）循环移位的含义

循环移位指令分为循环左移指令和循环右移指令。

循环移位数据存储单元的移出端与另一端相连，最后被移出的位进入另一端空出来的位。

循环移位可用图 2-128 表示，循环左移 1 位时，相应的位都左移 1 位，最高位进入最低位；循环右移 1 位时，相应的位都右移 1 位，最低位进入最高位。

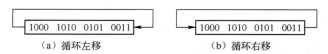

（a）循环左移　　　　　　　　　　　　　（b）循环右移

图 2-128　循环移位

2）循环移位指令的格式

循环移位指令的格式如表 2-36 所示。

表 2-36　循环移位指令的格式

指令名称	指令格式	IN 的操作数类型	OUT 的操作数类型	参数 N 的类型
循环左移指令	ROL ??? EN — ENO <???> IN OUT <???> <???> N	Byte、Word、DWord、SInt、Int、DInt、USInt、UInt、UDInt	Byte、Word、DWord、SInt、Int、DInt、USInt、UInt、UDInt	USInt、UDInt
循环右移指令	ROR ??? EN — ENO <???> IN OUT <???> <???> N	Byte、Word、DWord、SInt、Int、DInt、USInt、UInt、UDInt	Byte、Word、DWord、SInt、Int、DInt、USInt、UInt、UDInt	USInt、UDInt

使能输入有效时，把输入参数 IN 循环左移或循环右移 N 位后，再将结果输出到 OUT 指定的存储单元中。执行指令后，ENO 总是为 1 状态。

循环移位次数与移位数据的位数有关，如果循环移位次数大于移位数据的位数，则在执行循环移位之前，系统先对循环移位次数取以移位数据位数为底的模，用求得的结果作为实际循环移位次数（对 A 取以 B 为底的模就是求 A/B 的余数；如果 A 小于或等于 B，其结果是 A）。

实际循环移位次数为对循环移位次数取以 8（16 或 32）为底的模所得的结果。例如，对 MW10 循环移位时，循环移位次数设置为 22，则先对 22 取以 16 为底的模，得到余数 6，循环移位指令执行的实际结果是循环移位 6 次。

3）循环移位指令的应用

图 2-129 所示为字节 QB0 循环左移程序，设 QB0=1010 0110，试分析执行该程序后，QB0 的数值变化。

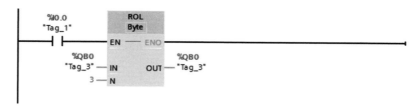

图 2-129　字节 QB0 循环左移程序

该程序对 QB0 进行 3 次循环左移，数值变化过程如表 2-37 所示。

表 2-37　QB0 的数值变化过程

移 位 次 数	QB0 的数值
移位前	1010 1001
第 1 次循环左移后	0101 0011 ←
第 2 次循环左移后	1010 0110 ←
第 3 次循环左移后	0100 1101 ←

📖 边学边练

若 QW0 的数值为 0001 1000 1011 0010，试分析执行两次循环右移指令后，QW0 的数值变化，并编制梯形图程序。

例题 2：用循环移位指令编写例题 1 "河""南""机""电" 4 盏彩灯依次点亮的梯形图程序。要求：按下启动按钮后，4 盏彩灯依次点亮并保持，全亮后又依次熄灭，点亮与熄灭的间隔时间均为 1s，并如此循环工作。

4 盏彩灯的循环移位梯形图程序如图 2-130 所示。

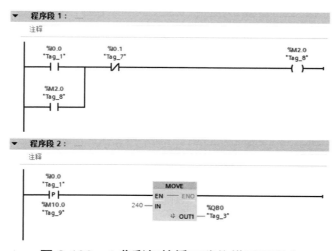

图 2-130　4 盏彩灯的循环移位梯形图程序

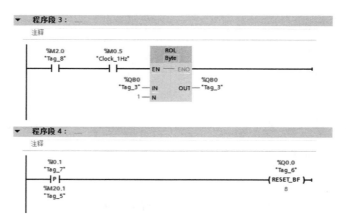

图 2-130　4 盏彩灯的循环移位梯形图程序（续）

当按下启动按钮时，M2.0 通电并保持接通状态，将十进制数 240（二进制数 11110000）传送到 QB0；M0.5 为以 1s 为周期的时钟脉冲，使 QB0 每秒循环移位 1 次，Q0.0～Q0.3 依次点亮；当最高位 Q0.3 点亮时，QB0 继续循环左移，又使 Q0.0～Q0.3 依次熄灭。停止按钮使 Q0.0～Q0.3 全部复位。

　　📖 边学边练

（1）用循环移位指令编制例题 1 的梯形图程序。
（2）编制 6 盏灯依次点亮并保持，全亮后同时熄灭的梯形图程序，时间间隔为 2s。

　　例题 3：用移位指令编制图 2-79 所示的喷泉状霓虹灯的梯形图程序。要求：接通开关 S，其 LED 指示灯按时间间隔 0.5s 依次点亮，并按此顺序循环：1→2→3→4→5→6→7→8→1、2、3、4→5、6、7、8→1、2、3、4、5、6、7、8；断开开关 S，LED 指示灯全部熄灭。

输入/输出接口的分配如表 2-38 所示。

表 2-38　输入/输出接口的分配 23

	元 件 符 号	地　址	作　用
输入接口	S	I0.0	开关
输出接口	1	Q0.0	LED 指示灯 1
	2	Q0.1	LED 指示灯 2
	3	Q0.2	LED 指示灯 3
	4	Q0.3	LED 指示灯 4
	5	Q0.4	LED 指示灯 5
	6	Q0.5	LED 指示灯 6
	7	Q0.6	LED 指示灯 7
	8	Q0.7	LED 指示灯 8

喷泉状霓虹灯的顺序功能图如图 2-131 所示。

接通开关后，M2.0 至 M3.3 一直循环运行，顺序功能图的每一步对应存储单元 MW2 的每一位，把每一位的数据（1 或 0）循环左移后，再将结果输出到 MW2 中。当某一位的数据为 1 时，表示该步为活动步。喷泉状霓虹灯的梯形图程序如图 2-132 所示。

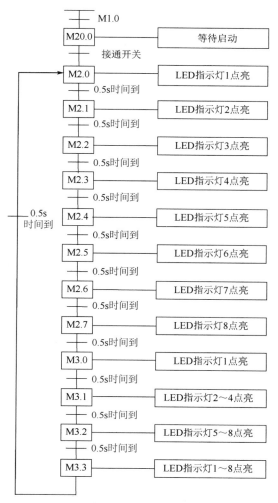

图 2-131　喷泉状霓虹灯的顺序功能图

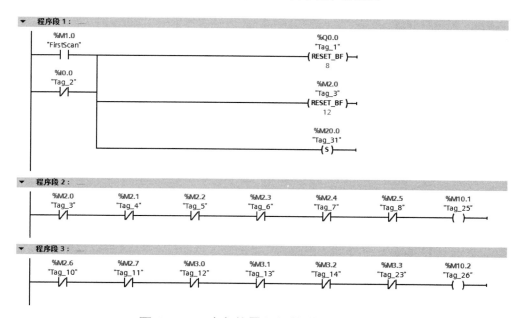

图 2-132　喷泉状霓虹灯的梯形图程序 2

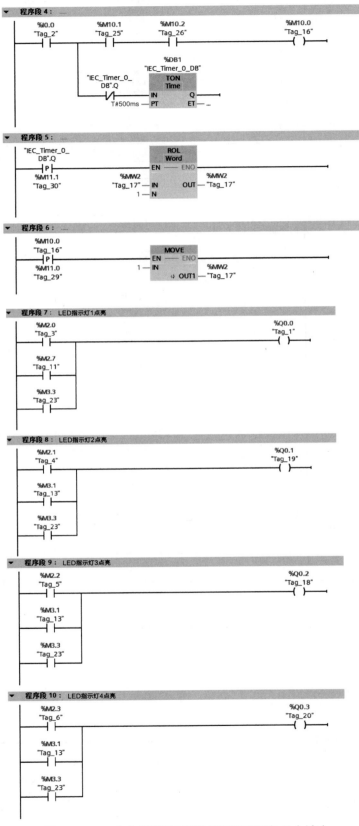

图 2-132　喷泉状霓虹灯的梯形图程序 2（续）

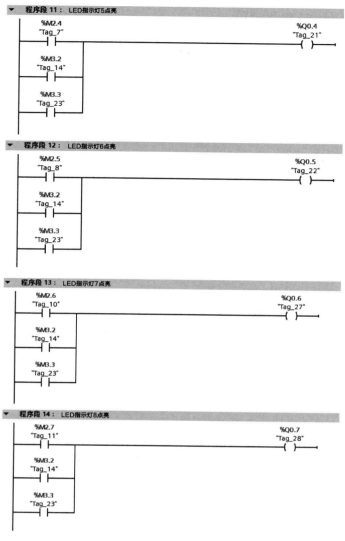

图 2-132　喷泉状霓虹灯的梯形图程序 2（续）

二、任务实施

1. 器材准备

• PLC 实训装置 1 台。
• 装有 TIA 博途编程软件的计算机 1 台。
• 机械手系统实验模板 1 块。
• PC/PPI 通信电缆 1 根。
• 导线若干。

2. 实训内容

根据任务描述所涉及的内容，编制梯形图程序并完成程序的调试运行。

系统分析：本任务采用移位指令编程。在本任务中，机械手水平臂的左右移动、垂直臂的上升与下降、手爪的夹紧与松开均采用电磁阀控制。

编程步骤及参考程序如下。

1）画出机械手动作的顺序功能图

机械手动作的顺序功能图可以用图 2-133 表示。接通按钮后，M2.0 至 M2.7 步一直循环运行。

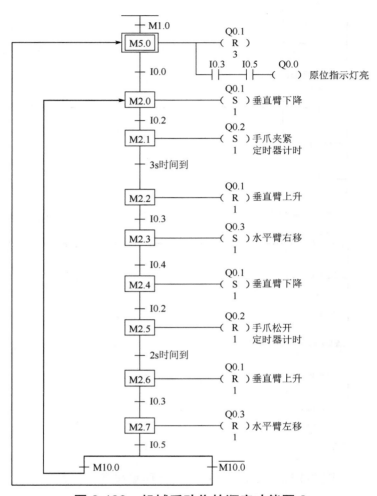

图 2-133　机械手动作的顺序功能图 2

2）输入/输出接口的分配

输入/输出接口的分配如表 2-39 所示。

表 2-39　输入/输出接口的分配 24

输 入 接 口			输 出 接 口		
输 入 元 件	地　址	作　用	输 出 元 件	地　址	作　用
SB1	I0.0	启动按钮	HL1	Q0.0	原位指示灯
SB2	I0.1	停止按钮	YV1	Q0.1	升降电磁阀
SQ1	I0.2	下极限开关	YV2	Q0.2	手爪电磁阀
SQ2	I0.3	上极限开关	YV3	Q0.3	左右移电磁阀
SQ3	I0.4	右极限开关			
SQ4	I0.5	左极限开关			

3）绘制 PLC 外部硬件接线图

PLC 外部硬件接线图与任务五相同。

4）编制梯形图程序

按下启动按钮后，周期循环的程序使用移位指令编程，顺序功能图的每一步对应存储单元 MB2 的每一位。把每一位的数据（1 或 0）循环左移后，再将结果输出到 MB2 中。机械手动作的梯形图程序如图 2-134 所示。

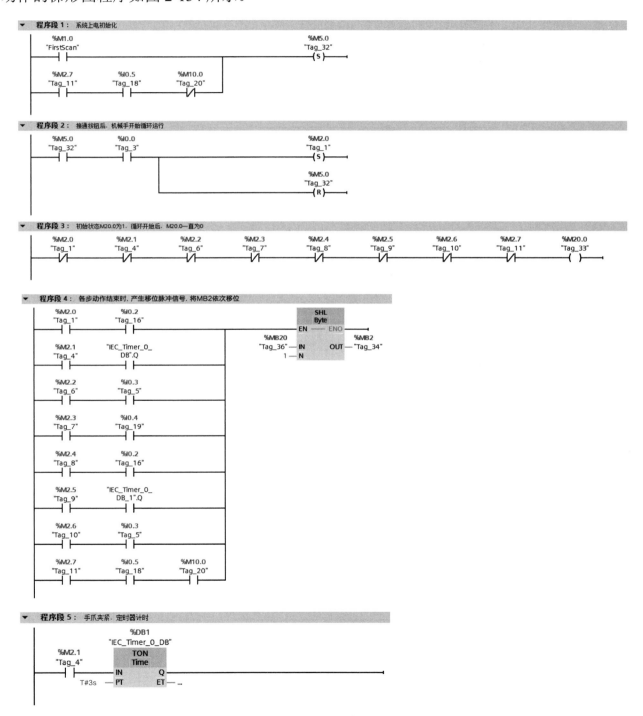

图 2-134　机械手动作的梯形图程序 2

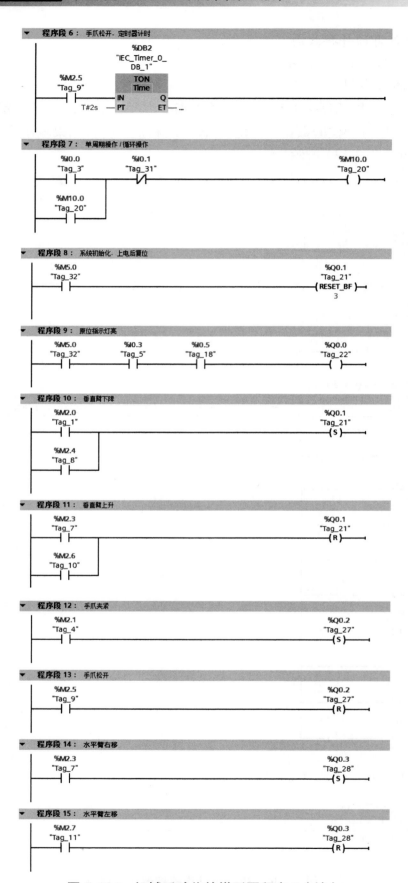

图 2-134 机械手动作的梯形图程序 2（续）

5）调试运行程序

根据控制要求进行程序的调试与运行。

① 按照输入/输出接口的分配与 PLC 外部硬件接线图，完成 PLC 主机单元与实训单元之间的接线。

② 接好计算机与 PLC 主机单元之间的通信电缆。

③ 使 PLC 接通电源。

④ 打开 PLC 的电源开关，PLC 的状态指示灯 STOP 亮。

⑤ 用 TIA 博途编程软件编程。

⑥ 下载程序至 PLC。

⑦ 运行程序，PLC 的状态指示灯 RUN 亮。

⑧ 按照控制要求操作面板上的开关，观察实训现象，判断是否能够实现程序功能。若不能实现，则通过程序状态监控功能找出错误并对程序进行修改，重新调试，直至程序正确为止。

📖 边学边练

（1）调试运行例题 1 的梯形图程序。

（2）调试运行例题 2 的梯形图程序。

3. 实训记录

（1）描述实训现象和工作原理。

（2）记录实训过程中出现的程序问题、接线问题及所采取的处理方法。

思考与练习

（1）用移位指令编制图 2-64 所示灯塔之光的梯形图程序，并完成 PLC 外部硬件的安装接线及程序的调试运行。

（2）用移位指令编制图 2-91 所示十字路口交通灯的梯形图程序。

（3）图 2-135 所示为电镀生产线专用的行车架，行车架上装有可升降的吊钩，行车架和吊钩各由一台电动机拖动，行车架左右移和吊钩升降由限位开关控制，电镀生产线有三槽位，依次完成酸洗、电镀和清洗。

系统的初始状态为吊钩在下限位，行车架在左限位。

工作流程：系统启动后，吊钩从下限位由下向上移动，碰到上限位开关 SQ4 后，行车架从左向右移动，碰到酸洗槽限位开关 SQ3 后（中途碰到清洗槽限位开关 SQ1 和电镀槽限位开关 SQ2 不响应）停止，吊钩下降，到下限位时停止，工件被放入酸洗槽，10s 后，吊钩上升，到上限位时停止，5s 后行车架左行，在 SQ2 弹起时停止左行，吊钩下降，到达下限位后停止，工件被放入电镀槽，20s 后，吊钩上升，到达上限位后停止，5s 后行车架继续左行，在 SQ1 弹起时停止左行，吊钩下降，到达下限位后停止，工件被放入清洗槽 10s，之后吊钩上升，到达上限位后停止，5s 后行车架左行，到达左限位停止，吊钩 1s 后下降至下限位。

回到下限位后，经过 30s，吊钩自动上升，行车架右行，按照工作流程一直循环下去。在任意时刻按下停止按钮，吊钩完成当前循环后，回到下限位停止。

各处限位开关分别为清洗槽限位开关 SQ1、电镀槽限位开关 SQ2、酸洗槽限位开关 SQ3、上限位开关 SQ4、下限位开关 SQ5、左限位开关 SQ6。

用移位指令编制电镀生产线的梯形图程序。

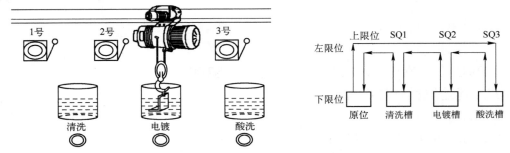

图 2-135 电镀生产线专用的行车架

任务八 函数与函数块的使用

任务描述

编制传送带上物料分拣的梯形图程序，控制要求如下。

① 当工件放在位置 1 时，传感器 2 检测到传送带上有工件，电动机启动，传送带开始由左向右运行；无工件时，停止运行。物料分拣设备正常工作时，绿色指示灯 EL2 长亮。

② 当工件到达位置 2，被检测为金属工件时，其将被分拣到第一个出料斜槽中；如果不是金属工件，而是塑料工件，其将被传送到位置 3，分拣到第二个出料斜槽中。

③ 如果分拣出的金属工件达到 6 个，物料分拣设备进行打包处理 5s，即所有传感器检测无效，不再进行分拣动作，之后自动进入下一个周期的分拣工作。

④ 在分拣过程中，若检测到连续出现 2 个塑料工件，则物料分拣设备停机报警，即设备停止工作，原位指示灯 EL1 闪烁，物料分拣设备不能继续进行检测和分拣。此时按下停止按钮 SB2，原位指示灯不再闪烁，物料分拣设备回到初始待机状态。

任务目标

- 掌握函数与函数块指令的功能及应用。
- 熟练应用 PLC 编程，掌握 PLC 在工业生产过程中的应用。
- 能根据控制要求编制梯形图程序并正确完成 PLC 外部硬件的安装接线及程序调试。
- 能够根据生产实际要求，完成整个 PLC 控制系统的设计。
- 通过实践操作，引导学生弘扬劳动精神，培养其吃苦耐劳的作风、勇于探索的创新精神，增强其社会责任感。
- 通过规范操作，树立安全文明生产意识、标准意识，养成良好的职业素养，培养严谨的治学精神、精益求精的工匠精神。
- 通过小组合作完成实训任务，树立责任意识、团结合作意识，提高沟通表达能力、团队协作能力。

一、基础知识

S7-1200 PLC 的编程采用程序块的概念，程序块具有与子程序类似的功能，它将程序分解成独立的自成体系的各个部件，这样更便于组成程序结构和实现项目分工，有利于程序的阅读和调试。由于程序块只在需要时才调用，因此可以减少 CPU 扫描的时间。几个类似的项目只需要对同一个程序块做不大的改动就能适用，提高了程序块的可移植性。

1. 函数与函数块的概念

S7-1200 PLC 的用户程序由程序块和数据块组成，程序块可分为组织块（OB）、函数（FC，又称为功能）和函数块（FB，又称为功能块），数据块可分为全局数据块和背景数据块。

函数和函数块都是用户编写的程序块，它们包含完成特定任务的程序，用户可以将具有相同或相近控制过程的程序编写在函数或函数块中，然后由另一个程序块调用。执行完函数和函数块后，将执行结果返回给调用它的程序块。

2. 函数的编程与应用

在使用函数进行编程时，首先在 TIA 博途编程软件中生成函数，并生成它的局部变量；然后进行函数程序的设计；最后在程序块中调用此函数。

（1）生成函数。

下面以对电动机的长动控制程序为例，介绍生成函数的方法、步骤。

打开 TIA 博途编程软件的项目视图，生成一个名为"长动控制"的新项目。双击项目树中的"添加新设备"选项，添加一个型号为 CPU1214C 的 PLC。双击项目树中该 PLC "程序块"下拉列表中的"添加新块"选项，打开"添加新块"对话框，单击"函数"按钮，如图 2-136 所示。

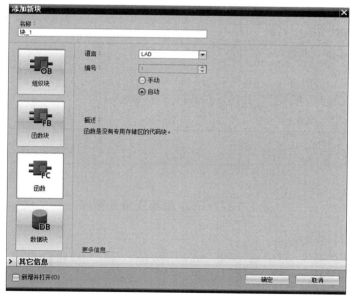

图 2-136　添加 FC 函数

函数的编号默认为 1，语言为梯形图，修改函数名称为"长动控制"，单击"确定"按钮，在项目树中可以看到新生成的函数"长动控制[FC1]"。右击该函数，可以对其进行重命名。

（2）生成函数的局部变量。

在 TIA 博途编程软件中，用鼠标左键选中 FC1 程序区中的分隔条并向下拉动，分隔条上面是块接口区，下面是程序编辑区，如图 2-137 所示。在块接口区中生成局部变量，局部变量只能在它所在的程序块中使用，且为符号寻址访问。

函数主要有以下 5 种局部变量。

① Input（输入参数），用于接收调用它的程序块提供的输入数据。

② Output（输出参数），用于将函数执行结果返回给调用它的程序块。

③ InOut（输入/输出参数），其初值由调用它的程序块提供，函数执行完后将它的值返回给调用它的程序块。

④ Return（返回值），属于输出参数，其返回给调用它的程序块，数据类型为 Void 表示函数没有返回值，在调用函数时看不到。

⑤ Temp（临时数据），暂时保存在局部堆栈中的数据，函数每次被调用之后，原有的临时数据可能被后续调用该函数的程序块的临时数据覆盖。

常量 Constant 是在函数中使用并且带有符号名的常数。

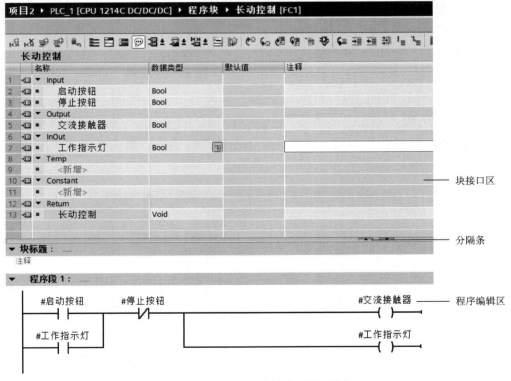

图 2-137　FC1 局部变量及程序

下面生成 FC1 的局部变量。

在 Input 下面的"名称"列生成变量"启动按钮"和"停止按钮"，设置其数据类型均为 Bool。

在 Output 下面的"名称"列生成变量"交流接触器"，设置其数据类型为 Bool。

在 InOut 下面的"名称"列生成变量"工作指示灯"，设置其数据类型为 Bool。

在 Return 下面的"名称"列生成变量"长动控制",其数据类型默认为 Void。

生成局部变量时,不需要指定存储器地址。根据各变量的数据类型,TIA 博途编程软件会自动为所有局部变量指定存储器地址。

在编程时,TIA 博途编程软件会自动在局部变量前加上"#"号来标识。而全局变量或符号使用双引号" ",绝对地址使用百分号"%"。

图 2-137 中的返回值"长动控制"也是函数 FC1 的名称,属于输出参数,默认的数据类型为 Void,该数据类型不保存数据,适用于函数不需要返回值的情况。如果把它设置为其他数据类型,则在 FC1 内部程序中可以使用该局部变量,调用 FC1 时可以在 FC1 方框内右边看到作为输出参数的"长动控制"。

📖 **边学边练**

> 在 TIA 博途编程软件中生成函数 FC2 及其局部变量,实现对电动机 M 的点动控制。FC2 的局部变量如下:"启动按钮"为输入参数,"交流接触器"为输出参数,"工作指示灯"为输入/输出参数,它们的数据类型均为 Bool。

(3)编制 FC1 的程序。

FC1 的控制要求:按下"启动按钮","交流接触器"通电,电动机启动运行,同时"工作指示灯"点亮;按下"停止按钮","交流接触器"断电,电动机停止运行,同时"工作指示灯"熄灭。

在 FC1 程序编辑区中编制 FC1 的程序,如图 2-138 所示,并对其进行编译。TIA 博途编程软件自动在局部变量前加上"#"号,如"#启动按钮"。

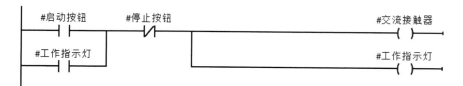

图 2-138　FC1 的程序

此处把局部变量"工作指示灯"设置为输入/输出参数,常开触点起自锁作用。若设置"工作指示灯"为输出参数,则在编写自锁触点时,系统会提示"变量被声明为输出,但是可读",同时此处触点显示为棕色。在编译主程序 OB1 时也会给出相应的提示,在执行程序时自锁触点不起作用。

(4)调用函数。

在 OB1 中调用 FC1,实现对电动机的长动控制。在 OB1 中设置变量表,输入/输出接口的分配如表 2-40 所示。

表 2-40　输入/输出接口的分配 25

输 入 接 口		输 出 接 口	
输 入 元 件	地　址	输 出 元 件	地　址
启动按钮 SB1	I0.0	交流接触器 KM	Q0.0
停止按钮 SB2	I0.1	工作指示灯 EL	Q0.1

在 OB1 中调用 FC1 时，将项目树中的 FC1 拖放到 OB1 程序编辑区的左母线上，FC1 以方框的形式呈现，如图 2-139 所示。方框内左边的参数"启动按钮"、"停止按钮"和"工作指示灯"分别是输入参数和输入/输出参数，右边的参数"交流接触器"是输出参数，它们都被称为 FC1 的形式参数，简称形参，在 FC1 的内部程序中使用。方框外的参数是在调用时需要指定的实际参数，简称实参。实参应与对应的形参具有相同的数据类型。

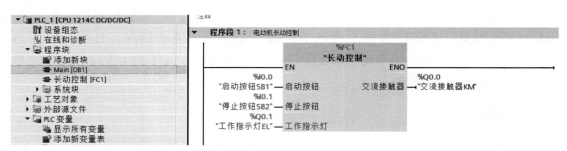

图 2-139　OB1 调用 FC1

在为各形参指定实参时，可以使用变量表和全局数据块中定义的符号地址或绝对地址，也可以使用被调用函数 FC 的局部变量。使用形参编程比较灵活方便，便于用户阅读和对程序进行维护，特别是对于功能相同或相近的程序，只需要在调用的程序块中改变函数 FC 的实参即可。

若在函数中不使用局部变量，而直接使用绝对地址或符号地址编程，则与在主程序中编程一样，若要使用此函数，必须在主程序或其他程序块中调用它。针对本任务的控制要求，若在 FC1 中未使用局部变量，则无形参，FC1 程序如图 2-140（a）所示，在 OB1 中调用 FC1 如图 2-140（b）所示。

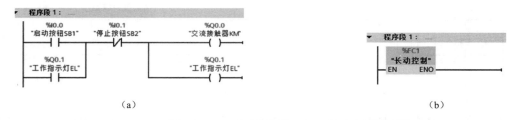

（a）　　　　　　　　　　　　　　　　　　　　　　（b）

图 2-140　无形参的 FC1 程序及其调用

📖 边学边练

在 TIA 博途编程软件中对已生成的电动机点动控制函数 FC2 进行程序设计，并在主程序 OB1 中调用函数 FC2。

例题 1：在主程序 OB1 中调用函数 FC1 和 FC2，实现对电动机的长动控制和点动控制。其中，FC1 可实现对电动机的长动控制，FC2 可实现对电动机的点动控制，用选择开关控制长动和点动。

系统分析：先在 TIA 博途编程软件中生成 FC1 和 FC2 及其局部变量，并进行程序设计，然后在 OB1 中分别调用 FC1 和 FC2。

编程步骤及参考程序如下。

① 生成 FC1 及其局部变量，并进行 FC1 程序设计。

FC1 的局部变量及其程序如图 2-141 所示。

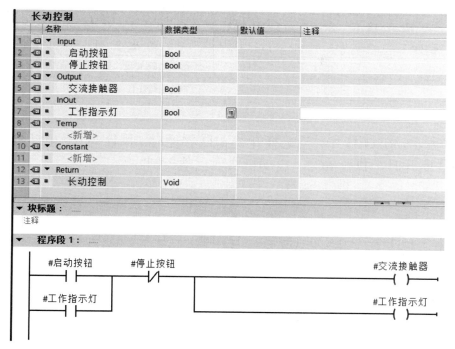

图 2-141　FC1 的局部变量及其程序

② 生成 FC2 及其局部变量，并进行 FC2 程序设计。

FC2 的局部变量及其程序如图 2-142 所示。

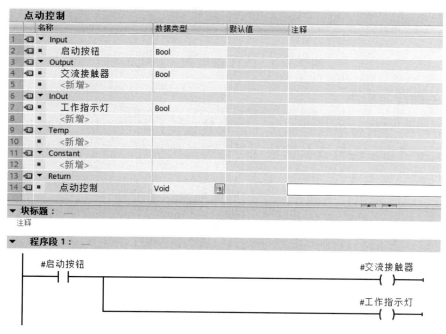

图 2-142　FC2 的局部变量及其程序

③ OB1 调用 FC1、FC2。

在 OB1 中设置变量表，输入/输出接口的分配如表 2-41 所示。

表 2-41　输入/输出接口的分配 26

输 入 接 口		输 出 接 口	
输 入 元 件	地　址	输 出 元 件	地　址
启动按钮 SB1	I0.0	交流接触器 KM	Q0.0
停止按钮 SB2	I0.1	工作指示灯 EL	Q0.1
选择开关 SB3	I0.2		

如图 2-143 所示，在 OB1 中，当选择开关 SB3 接通时，执行 FC1，电动机实现长动控制；当选择开关 SB3 断开时，执行 FC2，电动机实现点动控制。

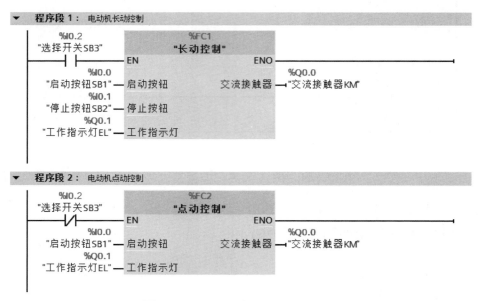

图 2-143　OB1 调用 FC1、FC2

3. 函数块的编程与应用

函数块是用户编写的有单独存储区（背景数据块）的程序块。函数块的输入参数、输出参数等局部变量用指定的背景数据块保存，函数块执行完后，背景数据块中的数据不会丢失。

函数块的典型应用是执行不能在一个扫描周期内结束的操作。

用函数块编程与用函数编程的方法及步骤类似，即先在 TIA 博途编程软件中生成函数块，并生成其局部变量；然后进行函数块程序设计；最后在程序块中调用此函数块。

（1）生成函数块。

函数块的生成过程与函数类似。

下面以函数块 FB1 为例，介绍生成函数块的方法及步骤。

打开 TIA 博途编程软件的项目视图，生成一个名为"延时通电"的新项目。双击项目树中的"添加新设备"选项，添加一个型号为 CPU1214C 的 PLC。双击该 PLC"程序块"下拉列表中的"添加新块"选项，打开"添加新块"对话框，单击"函数块"按钮，修改函数块的名称为"延时通电"，单击"确定"按钮后，在项目树中可以看到新生成的函数块"延时通电[FB1]"。

（2）生成函数块的局部变量。

函数块的局部变量也有 Input（输入参数）、Output（输出参数）、InOut（输入/输出参数）、Temp（临时数据）等，与函数不同的是，函数块在生成局部变量时，增加了 Static（静态变量）。当函数块执行完后，再次调用它时，其静态变量中的值保持不变。

FB1 的局部变量如图 2-144 所示。

在 Input 下面的"名称"列生成变量"启动按钮"和"停止按钮"，设置其数据类型均为 Bool；生成变量"定时时间"，设置其数据类型为 Time。

在 Output 下面的"名称"列生成变量"交流接触器"，设置其数据类型为 Bool。

在 InOut 下面的"名称"列生成变量"运行提示信号"，设置其数据类型为 Bool。

在 Static 下面的"名称"列生成变量"定时器 DB"，设置其数据类型为 IEC_TIMER。

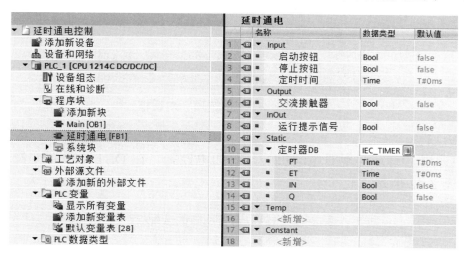

图 2-144 FB1 的局部变量

（3）编制函数块的程序。

FB1 的控制要求：按下"启动按钮"，"运行提示信号"通电，定时器开始计时，经过输入参数"定时时间"，"交流接触器"通电，电动机开始运行；按下"停止按钮"，"运行提示信号"立即断电，定时器和"交流接触器"也立即断电，电动机停止运行。

在 FB1 程序编辑区中编制 FB1 的程序，如图 2-145 所示，并对其进行编译。

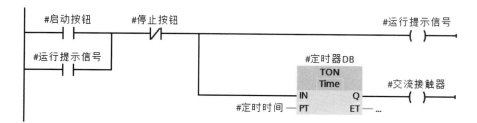

图 2-145 FB1 的程序

在使用定时器 TON 编程时，会弹出"调用选项"对话框，其中数据块的名称默认为"IEC_Timer_0_DB"，如图 2-146 所示，数据块的名称可以修改。

IEC 定时器、计数器实际上是函数块，符号方框上面是它的背景数据块。

IEC 定时器、计数器的背景数据块不能是固定的数据块，否则在同时多次调用 FB1 时，

程序运行将会出错。因此，定时器 TON 的静态变量设置为"定时器 DB"，其数据类型为
IEC_TIMER，用于提供定时器 TON 的背景数据，其内部结构如图 2-144 所示。每次调用 FB1
时，在 FB1 的不同背景数据块中，不同的被控对象都有保存定时器 TON 的背景数据的存储
区"定时器 DB"。

图 2-146　"调用选项"对话框

（4）调用函数块。

在 OB1 中调用 FB1，实现对电动机的延时通电控制。在 OB1 中设置变量表，输入/输出
接口的分配如表 2-42 所示。

表 2-42　输入/输出接口的分配 27

输 入 接 口		输 出 接 口	
输 入 元 件	地　址	输 出 元 件	地　址
启动按钮 SB1	I0.0	交流接触器 KM	Q0.0
停止按钮 SB2	I0.1	运行提示信号 EL	Q0.1

将项目树中的 FB1 拖放到 OB1 程序编辑区的左母线上，在弹出的"调用选项"对话框
中出现默认背景数据块"延时通电_DB"，单击"确定"按钮后自动生成 FB1 的背景数据块，
如图 2-147（a）所示，在项目树中"延时通电[FB1]"选项下出现"延时通电_DB[DB2]"选
项。双击"延时通电_DB[DB2]"选项，延时通电_DB 的背景数据块如图 2-147（b）所示。

（a）　　　　　　　　　　　　　　　　　　　　　　（b）

图 2-147　自动生成 FB1 的背景数据块

可以看出，FB1 背景数据块中的变量就是图 2-144 中其函数块局部变量中的输入参数、输出参数、输入/输出参数和静态变量。

函数块的变量被永久保存在它的背景数据块中，其他程序块可以访问背景数据块中的变量，背景数据块中的变量不能直接删除和修改，只能在函数块的块接口区中删除和修改。

生成函数块的局部变量时，它们被指定一个默认值，这些默认值可以修改。局部变量的默认值被传送给函数块的背景数据块，作为对应变量的初始值，可以在背景数据块中修改变量的初始值。

为各形参指定实参时，可以使用变量表或全局数据块中定义的符号地址，也可以使用绝对地址，然后在变量表中修改自动生成的符号名称。指定实参后，OB1 调用 FB1 的程序如图 2-148 所示。

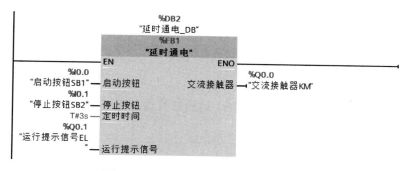

图 2-148　OB1 调用 FB1 的程序

📖 边学边练

在 TIA 博途编程软件中生成函数块 FB 并进行程序设计，在主程序 OB 中调用 FB。FB 的控制要求：按下"启动按钮"3 次后，"交流接触器"通电，电动机开始运行；按下"停止按钮"后，"交流接触器"立即断电，电动机停止运行。

例题 2：编制彩灯闪烁的梯形图程序。

图 2-149 所示为彩灯排列示意图，打开总开关 SA0 后，可按 A、B 种方式循环闪烁，这两种方式分别由 SA1、SA2 两个按钮控制，闪烁间隔时间均为 1s。

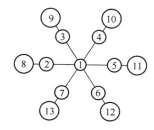

图 2-149　彩灯排列示意图

A 循环：1→2、3、4、5、6、7→8、9、10、11、12、13。

B 循环：1、3、9→1、4、10→1、5、11→1、6、12→1、7、13→1、2、8。

系统分析：A 循环用函数块 FB1 控制，B 循环用函数块 FB2 控制，在主程序 OB1 中分别调用 FB1、FB2。

编程步骤及参考程序如下。

（1）生成 FB1 及其局部变量，并进行程序设计。

FB1 的局部变量及程序如图 2-150 所示。

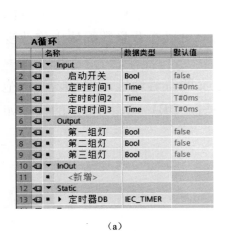

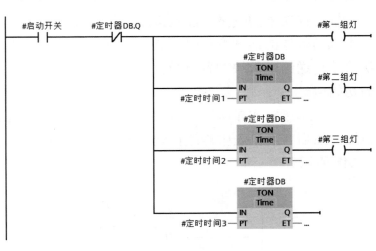

（a） （b）

图 2-150 FB1 的局部变量及程序

（2）生成 FB2 及其局部变量，并进行程序设计。

FB2 的局部变量及程序如图 2-151 所示。

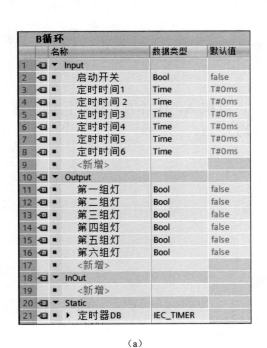

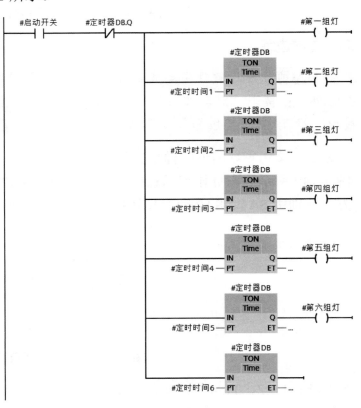

（a） （b）

图 2-151 FB2 的局部变量及程序

（3）主程序 OB1 调用 FB1、FB2。

在主程序 OB1 中设置变量表，输入/输出接口的分配如表 2-43 所示。

表 2-43　输入/输出接口的分配 28

输 入 接 口		输 出 接 口			
输 入 元 件	地　　址	输 出 元 件	地　　址	输 出 元 件	地　　址
总开关 SA0	I0.0	灯 1	Q0.0	灯 8	Q0.7
A 循环控制按钮 SA1	I0.1	灯 2	Q0.1	灯 9	Q1.0
B 循环控制按钮 SA2	I0.2	灯 3	Q0.2	灯 10	Q1.1
		灯 4	Q0.3	灯 11	Q1.2
		灯 5	Q0.4	灯 12	Q1.3
		灯 6	Q0.5	灯 13	Q1.4
		灯 7	Q0.6		

彩灯闪烁的主程序 OB1 如图 2-152 所示。

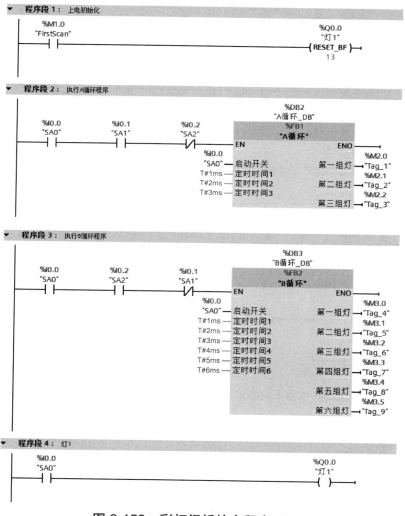

图 2-152　彩灯闪烁的主程序 OB1

▼ 程序段 5：灯2

```
    %M2.1                                                    %Q0.1
    "Tag_2"                                                  "灯2"
    ┤├┬─────────────────────────────────────────────────┬──( )
          │                                                │
    %M3.0 │                                                │
    "Tag_4"                                                 
    ┤├─┘
```

▼ 程序段 6：灯3

```
    %M2.1                                                    %Q0.2
    "Tag_2"                                                  "灯3"
    ┤├┬─────────────────────────────────────────────────┬──( )
          │                                                │
    %M3.1 │                                                │
    "Tag_5"                                                 
    ┤├─┘
```

▼ 程序段 7：灯4

```
    %M2.1                                                    %Q0.3
    "Tag_2"                                                  "灯4"
    ┤├┬─────────────────────────────────────────────────┬──( )
          │                                                │
    %M3.2 │                                                │
    "Tag_6"                                                 
    ┤├─┘
```

▼ 程序段 8：灯5

```
    %M2.1                                                    %Q0.4
    "Tag_2"                                                  "灯5"
    ┤├┬─────────────────────────────────────────────────┬──( )
          │                                                │
    %M3.3 │                                                │
    "Tag_7"                                                 
    ┤├─┘
```

▼ 程序段 9：灯6

```
    %M2.1                                                    %Q0.5
    "Tag_2"                                                  "灯6"
    ┤├┬─────────────────────────────────────────────────┬──( )
          │                                                │
    %M3.4 │                                                │
    "Tag_8"                                                 
    ┤├─┘
```

▼ 程序段 10：灯7

```
    %M2.1                                                    %Q0.6
    "Tag_2"                                                  "灯7"
    ┤├┬─────────────────────────────────────────────────┬──( )
          │                                                │
    %M3.5 │                                                │
    "Tag_9"                                                 
    ┤├─┘
```

▼ 程序段 11：灯8

```
    %M2.2                                                    %Q0.7
    "Tag_3"                                                  "灯8"
    ┤├┬─────────────────────────────────────────────────┬──( )
          │                                                │
    %M3.0 │                                                │
    "Tag_4"                                                 
    ┤├─┘
```

图 2-152 彩灯闪烁的主程序 OB1（续）

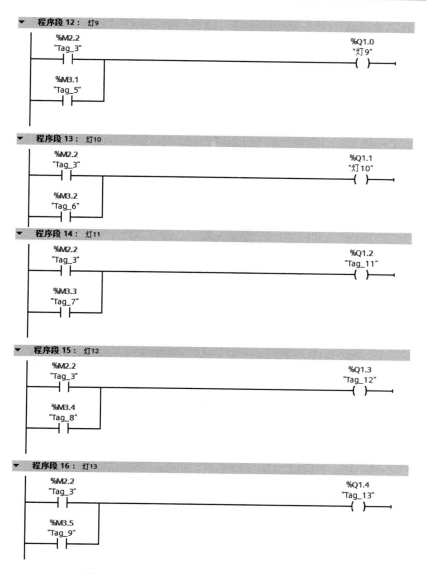

图 2-152　彩灯闪烁的主程序 OB1（续）

📖 **边学边练**

　　编制一个程序，要求：先按下按钮 SB1，调用函数块 FB1，此时再按下按钮 SB2 不能调用函数块 FB2。而先按下按钮 SB2 时调用 FB2，之后再按下按钮 SB1，则不能调用 FB1。FB1 的功能是运行 2s 后自动返回主程序 OB1，FB2 的功能是完成 Q0.2 置位 2s 后复位，并自动返回主程序 OB1。

二、任务实施

1. 器材准备

- PLC 实训装置 1 台。
- 装有 TIA 博途编程软件的计算机 1 台。
- 机械手系统实验模板 1 块。

- PC/PPI 通信电缆 1 根。
- 导线若干。

2. 实训内容

根据任务描述所涉及的内容，编制梯形图程序并调试运行。

系统分析：物料分拣动作可用顺序功能图表示，可利用函数控制顺序功能图的每一步。

编程步骤及参考程序如下。

（1）顺序功能图。

物料分拣动作的顺序功能图如图 2-153 所示。

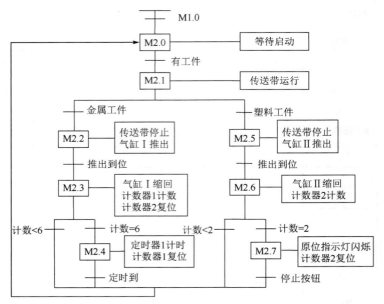

图 2-153　物料分拣动作的顺序功能图

（2）函数 FC1 的局部变量及程序。

用函数 FC1 控制顺序功能图的每一步，其局部变量及程序如图 2-154 所示。

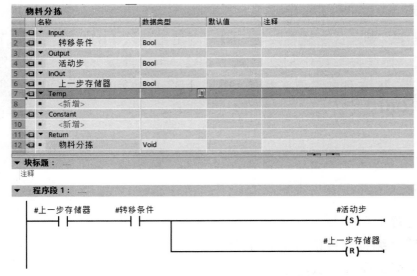

图 2-154　函数 FC1 的局部变量及程序

（3）主程序 OB1 调用 FC1。

在主程序 OB1 中设置变量表，输入/输出接口的分配如表 2-44 所示。

表 2-44　输入/输出接口的分配 29

输入接口		输出接口	
输入元件	地址	输出元件	地址
停止按钮	I0.0	原位指示灯	Q0.0
有无工件传感器	I0.1	传送带电动机	Q0.1
金属工件传感器	I0.2	气缸 I 推出电磁阀	Q0.2
塑料工件传感器	I0.3	气缸 II 推出电磁阀	Q0.3
气缸 I 推出到位	I0.4		
气缸 II 推出到位	I0.5		

物料分拣的主程序 OB1 如图 2-155 所示。

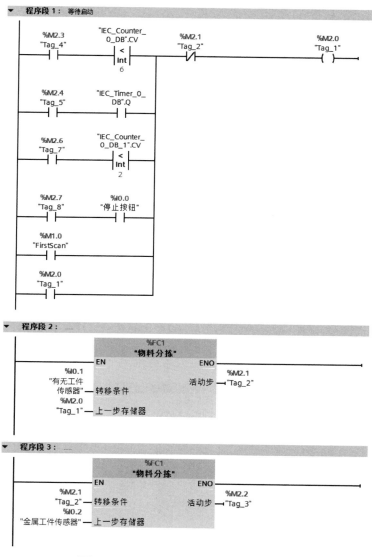

图 2-155　物料分拣的主程序 OB1

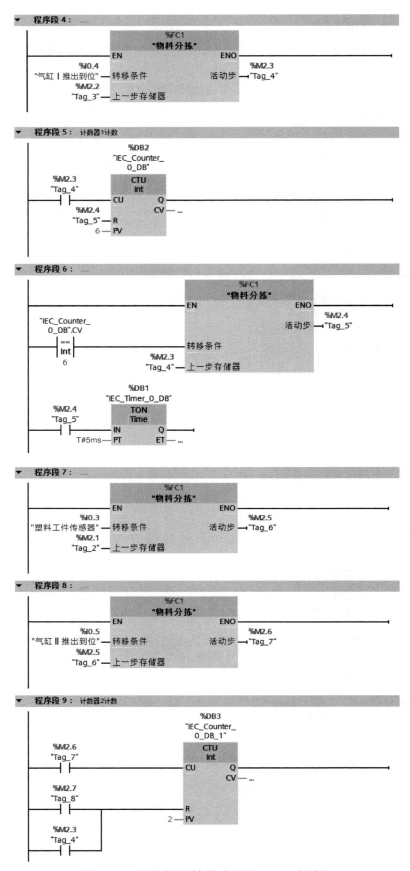

图 2-155　物料分拣的主程序 OB1（续）

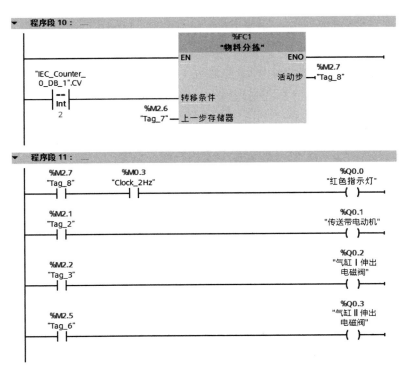

图 2-155　物料分拣的主程序 OB1（续）

（4）绘制 PLC 外部硬件接线图。

略。

（5）调试并运行程序。

根据控制要求进行程序的运行与调试。

① 按照输入/输出接口的分配与 PLC 外部硬件接线图，完成 PLC 主机单元与实训单元之间的接线。

② 接好计算机与 PLC 主机单元之间的通信电缆。

③ 使 PLC 接通电源。

④ 打开 PLC 的电源开关，PLC 的状态指示灯 STOP 亮。

⑤ 使用 TIA 博途编程软件编程。

⑥ 下载程序至 PLC。

⑦ 运行程序，PLC 的状态指示灯 RUN 亮。

⑧ 按照控制要求操作面板上的开关，观察实训现象，判断是否能够实现程序功能。若不能实现，则通过程序状态监控功能找出错误并对程序进行修改，重新调试，直至程序正确为止。

3. 实训记录

（1）描述实训现象和工作原理。

（2）记录实训过程中出现的程序问题、接线问题及所采取的处理方法。

三、知识拓展——跳转指令

跳转指令用于控制程序的执行顺序。在没有执行跳转指令时，程序按照从上到下的顺序执行；在执行跳转指令时，程序跳转到地址标签所在的目的地址，跳转指令与目的地址之间的程序不被执行。跳转到目的地址后，程序继续按照从上到下的顺序执行。跳转指令可以往前跳，也可以往后跳。

跳转指令和跳转标签指令配合使用，实现程序的跳转。JMP 在 RLO = 1 时跳转，JMPN 在 RLO = 0 时跳转，Lable 是跳转标签指令。

跳转指令及跳转标签指令的格式如表 2-45 所示。

表 2-45　跳转指令及跳转标签指令的格式

指 令 格 式	功　　能
Lable_name ——(JMP)——	RLO= 1 时跳转。 若有能流通过 JMP 线圈，则程序将从指定标签后的第一条指令开始继续执行
Lable_name ——(JMPN)——	RLO = 0 时跳转。 若没有能流通过 JMPN 线圈，则程序将从指定标签后的第一条指令开始继续执行
Lable_name	JMP 或 JMPN 跳转指令的目标标签

跳转标签指令标记跳转的目的地址，标签的第一个字符必须是字母，其余的可以是字母、数字和下画线。

跳转指令和跳转标签指令配合使用，当使能输入无效时，将顺序执行程序。

跳转指令及其对应的跳转标签指令必须始终位于相同的程序块中。

跳转指令的应用如图 2-156 所示。

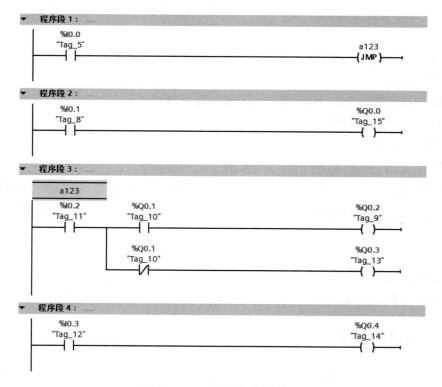

图 2-156　跳转指令的应用

当 I0.0 接通时，程序跳转至标签 a123，即程序段 3 处，开始执行程序段 3；当 I0.0 不通时，按顺序执行程序段 2。

例题 3：编制自动车库控制的梯形图程序，控制要求如下。

（1）存车：当汽车到达车库门前时，车灯亮 3 次，车感传感器 B2 收到信号，延时 5s 自动开启车库门，直至车库门上限位开关 S1 收到信号之后，道杆自动上升，直到压住道杆上限位开关 S3，汽车经过道杆时，地磁传感器 B1 检测到有车经过。通过道杆后，B1 出现下降沿，道杆自动下降，直到压住其下限位开关 S4。汽车到位后，车位传感器 B3 动作，车库门自动关闭，直到压住车库门下限位开关 S2。

（2）取车：倒车时，B3 出现下降沿，延时 5s 自动打开车库门，直至压住 S1。随后道杆自动上升，直至压住 S3。汽车退出车库，通过道杆后，B1 出现下降沿，道杆自动下降，关闭车库门，直到各自压住各自的下限位开关。

（3）车库门上升至压住 S1 时，指示灯 H1 亮，提示驾驶员可以进出。

（4）当按下急停按钮、车库门电动机过载或道杆电动机过载时，报警灯 H2 以 1s 为周期闪烁。

（5）车库门内外均设有车库门和道杆手动按钮用于进行人工控制。

输入/输出接口的分配如表 2-46 所示。

表 2-46　输入/输出接口的分配 30

输 入 接 口		输 出 接 口			
地　址	作　用	地　址	作　用	地　址	作　用
I0.0	急停按钮	I0.7	车库门上限位开关 S1	Q0.0	车库门上升
I0.1	手动/自动	I1.0	车库门下限位开关 S2	Q0.4	指示灯 H1
I0.2	车库门上升手动按钮	I1.1	道杆上限位开关 S3	Q0.5	报警灯 H2
I0.3	车库门下降手动按钮	I1.2	道杆下限位开关 S4	Q0.1	车库门下降
I0.4	地磁传感器 B1	I1.3	道杆上升手动按钮	Q0.2	道杆上升
I0.5	车感传感器 B2	I1.4	道杆下降手动按钮	Q0.3	道杆下降
I0.6	车位传感器 B3				

自动车库控制的梯形图程序如图 2-157 所示。

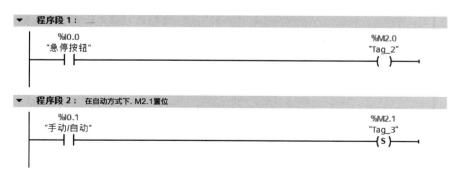

图 2-157　自动车库控制的梯形图程序

▼ **程序段 3：** 在手动方式下或急停时. M2.1复位

```
     %I0.1                                                    %M2.1
   "手动/自动"                                                "Tag_3"
  ─────┤/├─────┬──────────────────────────────────────────  ─( R )─
              │
     %M2.0    │
    "Tag_2"   │
  ─────┤ ├────┘
```

▼ **程序段 4：** 在手动方式下或急停时. QB2清零

```
     %M2.1
    "Tag_3"                MOVE
  ─────┤/├──────────────┤EN ── ENO├──────────────────────────
              0 ── IN              %QB2
                       ❋ OUT1 ── "Tag_4"
```

▼ **程序段 5：** 在手动方式下或急停时. 程序跳转至标签abc

```
     %M2.1                                                     abc
    "Tag_3"                                                  ─(JMP)─
  ─────┤/├──────────────────────────────────────────────────
```

▼ **程序段 6：** 车灯亮3次. 车感传感器B2计数

```
                           %DB3
                      "IEC_Counter_
                          0_DB"
     %I0.5                  CTU
  "车感传感器B2"             Int
  ─────┤ ├──────────────┤CU         Q├──────────────────────
              false ────┤R         CV├── ...
                  3 ────┤PV
```

▼ **程序段 7：** 车灯亮3次. 信号记忆

```
                          %I1.2
  "IEC_Counter_        "道杆下限位开关                        %M2.4
     0_DB".QD              S4"                               "Tag_5"
  ─────┤ ├────┬─────────────┤/├──────────────────────────── ─( )─
              │
     %M2.4    │
    "Tag_5"   │
  ─────┤ ├────┘
```

▼ **程序段 8：** 车位传感器B3信号记忆

```
     %I0.6               %I1.2
  "车位传感器B3"       "道杆下限位开关                         %M2.3
  ─────┤N├────┬─────────────┤/├──────────────────────────── ─( )─
    %M10.0    │               S4"                           "Tag_7"
    "Tag_1"   │
              │
     %M2.3    │
    "Tag_7"   │
  ─────┤ ├────┘
```

▼ **程序段 9：** 车灯亮3次或倒车时. B3出现下降沿. 延时5s

```
                           %DB1
                      "IEC_Timer_0_DB"
     %M2.4                  TON
    "Tag_5"                 Time
  ─────┤ ├────┬──────────┤IN         Q├──────────────────────
              │   T#5s ──┤PT        ET├── ...
     %M2.3    │
    "Tag_7"   │
  ─────┤ ├────┘
```

图 2-157　自动车库控制的梯形图程序（续）

程序段 10： 延时5秒后，自动开启车库门

```
"IEC_Timer_0_                                          %Q0.0
DB".Q                                                "车库门上升"
 ┤├─────────────────────────────────────────────────(S)
```

程序段 11： 车库门上升至上限位时，停止上升

```
%I0.7
"车库门上限位开                                          %Q0.0
关S1"                                                "车库门上升"
 ┤├──────┬──────────────────────────────────────────(R)
%Q0.1    │
"车库门下降"
 ┤├──────┘
```

程序段 12： 车库门升至上限位时，道杆开始自动上升

```
%I0.7
"车库门上限位开                                          %Q0.2
关S1"                                                 "道杆上升"
 ┤├─────────────────────────────────────────────────(S)
```

程序段 13： 道杆上升至上限位时，停止上升

```
%I1.1
"道杆上限位开关                                          %Q0.2
S3"                                                 "道杆上升"
 ┤├──────┬──────────────────────────────────────────(R)
%Q0.3    │
"道杆下降"
 ┤├──────┘
```

程序段 14： 车库门和道杆上升至上限位时，指示灯H1亮

```
%I0.7              %I1.1
"车库门上限位开     "道杆上限位开关                        %Q0.4
关S1"              S3"                               "指示灯H1"
 ┤├───────────────┤├─────────────────────────────────( )
```

程序段 15： 地磁传感器B1检测车通过道杆后，道杆自动下降

```
%I0.4                                                 %Q0.3
"地磁传感器B1"                                         "道杆下降"
 ┤N├────────────────────────────────────────────────(S)
%M10.1
"Tag_8"
```

程序段 16： 道杆自动下降至下限位时，停止下降

```
%I1.2
"道杆下限位开关                                          %Q0.3
S4"                                                 "道杆下降"
 ┤├──────┬──────────────────────────────────────────(R)
%Q0.2    │
"道杆上升"
 ┤├──────┘
```

程序段 17： 车位传感器B3动作，车库门自动下降

```
%I0.6                                                 %Q0.1
"车位传感器B3"                                         "车库门下降"
 ┤├─────────────────────────────────────────────────(S)
```

图 2-157　自动车库控制的梯形图程序（续）

221

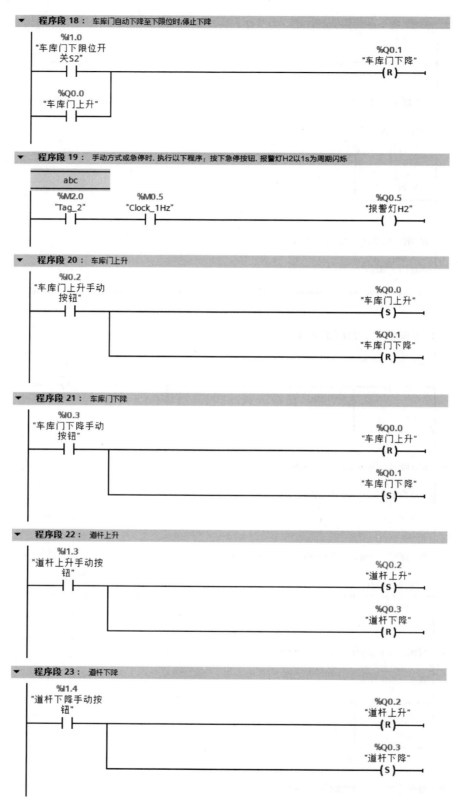

图 2-157 自动车库控制的梯形图程序（续）

从程序段 19 开始为手动控制的程序，当程序段 5 中条件被满足时，程序跳转到标签 abc，即程序段 19 处，执行后续的程序。

思考与练习

有一台数控机床，T1、T2、T3 为钻头，其实现钻刀功能；T4、T5、T6 为铣刀；用 X 轴、Y 轴、Z 轴模拟加工中心三坐标六个方向。围绕 T1～T6 刀具，分别利用 X 轴的左右运动、Y 轴的前后运动、Z 轴的上下运动实现以下控制。

（1）拨动"运行控制"开关启动系统。"X 轴运行指示灯"亮，模拟工件沿 X 轴向左运动。

（2）触动"DECX"按钮 3 次，模拟工件沿 X 轴向左运动 3 步，拨动"X 左"限位开关，模拟工件已到达指定位置。此时 T3 钻头沿 Z 轴向下运动（Z 灯、T3 灯亮）。

（3）触动"DECZ"按钮 3 次，T3 钻头向下运动 3 步，对模拟工件进行钻孔。置"Z 下"限位开关为 ON，T3 已对模拟工件加工完毕；继续触动"DECX"按钮 3 次，T3 返回刀库，复位"Z 下"限位开关后，将"Z 上"限位开关置 ON，系统将自动取铣刀 T5，准备对模拟工件进行铣加工。

（4）触动"DECZ"按钮 3 次，复位"Z 上"限位开关后，置"Z 下"限位开关为 ON，"Y 轴运行指示灯"亮，对模拟工件进行铣加工。

（5）触动"DECY"按钮 4 次后，置"Y 前"限位开关为 ON，T5 对模拟工件加工完毕，系统进入退刀状态（Z 轴运行指示灯亮）。

（6）再次触动"DECZ"按钮 3 次，复位"Z 下"限位开关后，置位"Z 上"限位开关，T5 返回刀库。

请编制用 S7-1200 PLC 控制的梯形图程序。

参 考 文 献

[1] 河南省职业技术教育教学研究室. 电气与 PLC 控制技术[M]. 北京：电子工业出版社，2008.

[2] 《SIMATIC S7-1200 可编程控制器系统手册》. 2009.

[3] 王永华. 现代电气控制及 PLC 应用技术[M]. 2 版. 北京：北京航空航天大学出版社，2008.

[4] 连赛英. 机床电气控制技术[M]. 北京：机械工业出版社，2017.

[5] 张艳. PLC 编程与应用[M]. 南京：江苏教育出版社，2010.

[6] 侍寿永. 西门子 S7-1200 PLC 编程及应用教程[M]. 北京：机械工业出版社，2018.

[7] 廖常初. S7-1200/1500 PLC 应用技术[M]. 北京：机械工业出版社，2018.